无名　天地始

有名　万物母

——老子

（约公元前 571 年—公元前 471 年）

我思故我在

——勒内·笛卡尔

（1596年—1650年）

感觉内容F =感觉种类 fn ×感觉事物的数量N

意识总内容 C =感觉种类fn×感觉事物的数量N×认知系数M

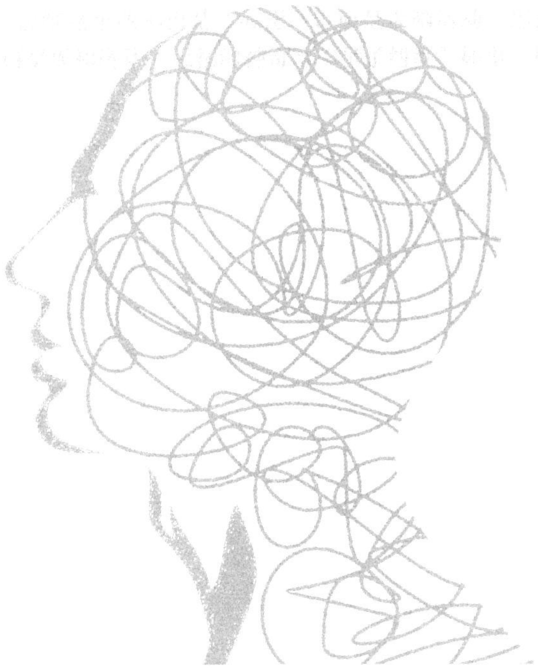

认知：从感觉到思维

邬茂鹏 朱永红 著

SPM

南方出版传媒

广东人民出版社

·广州·

图书在版编目（CIP）数据

认知：从感觉到思维 / 邬茂鹏，朱永红著. —广州：广东人民出版社，2018. 11（2023.1重印）
ISBN 978-7-218-13039-2

Ⅰ. ①认… Ⅱ. ①邬… ②朱… Ⅲ. ①认知科学-研究 Ⅳ. ①B842. 1

中国版本图书馆 CIP 数据核字（2018）第 145530 号

RENZHI：CONG GANJUE DAO SIWEI
认知：从感觉到思维
邬茂鹏　朱永红　著

出 版 人： 肖风华

责任编辑： 卢雪华　伍茗欣
封面设计： 李桢涛
责任技编： 吴彦斌　周星奎

出版发行： 广东人民出版社
地　　址： 广州市大沙头四马路 10 号（邮政编码：510199）
电　　话：（020）85716809（总编室）
传　　真：（020）83289585
网　　址： http://www. gdpph. com
印　　刷： 北京一鑫印务有限责任公司
开　　本： 787mm×1092mm　1/16
印　　张： 13　**插　页：** 1　**字　数：** 150 千
版　　次： 2018年11月第1版
印　　次： 2023年1月第2次印刷
定　　价： 38. 00 元

目　录

思维是认知过程的最高表现形式，思维活动同样遵循认知活动的三大原理：连续性选择原理、知识递进原理、互为因果原理。至此，认知的由来和路径清晰了：感觉—意识—概念—思维。“思维”强调认知的过程，“思想”强调认知的内容及其结果。

前 言

同一部电影，为什么我们对电影内容的认识和理解各人各异？

同一个问题摆在面前，为什么我们的态度和处理方式有可能大相径庭？

一直以来，认知是哲学和心理学领域研究的基本命题，也是人类进步和发展的核心问题。哲学告诉我们认知来源于物质世界，并反作用于物质世界，然而这样的解释太过笼统，无法分清也无法研究认知的真正来源以及差异；心理学界对认知问题不乏理论和应用研究（包括心理结构和认知过程），但研究方向和研究重点的不同也带来不一样的结论，难以推广应用，况且即便能把心理结构和认知过程都了解得清清楚楚，那也只是回答了事物是怎样被认知的，终究无法真正解答摆在面前的事物是什么，以及埋藏于事物之中的内容和背后的意义。

认知到底由智力决定，由经验决定，还是由知识决定？这样的困顿和茫然使后来者对认知的研究裹足不前。

任何一个领域的理论创新，都源自对研究对象的本质的深刻洞察，对“认知”的研究也不例外。我们认为站在生命科学角度，用解剖的方法探究认知的源头，进而探索认知的全貌，有可能是最接近认知真相的研究方法，并得以发现认知的基本路径是“感觉→意识→概念→思维”。这也是我们写这本书的初衷。

本书由浅入深地揭示关于人类认知的一系列基本问题，包括认知的物质基础、认知的对象、认知的形式、认知的层级、认知活动的普遍原理、认知的过程、认知所取得的成果。通过大量的事实指出，认知从感觉开始，进而取得意识、概念、思想这些认知成果，进一步阐明认知是动态的、进步的、发展着的。本书各章的安排正是循着我们提出的认知的基本路径展开，逐一解开认知之谜。

经过本书各章节的详细讨论，获得不限于以下的主要研究成果和结论，分别在每一章的开篇有所提示。这里简要与读者朋友们分享：

第一，认知是大脑的功能，是生物进化的产物，是生命活动的重要表征。

第二，认知的对象是感觉表象，而非事物本身。

第三，认知的内容可以从事物表象、结构及内部规律、被注入的意义三个层次上获得并发展。

第四，认知规律可总结为三大基本原理：连续性选择原理、知识递进原理、互为因果原理，分别对应“怎样认知”“认知了什么”“为谁认知”三大基本问题。

第五，认知取得的成果是意识、概念、思想。

第六，意识被重新定义：意识是感觉和认知的概括。这一定义强调意识内容的由来以及活动规律。

第七，人类精神的三个基本要素：本能、自我、欲望。所有意识、概念、思想背后的意义都是为生存和发展服务的，而生存和发展的需要必须通过本能、自我、欲望的需要来具体体现。

第八，提出量化公式或数学表达式：

欲望 = 本能 × 自我

欲望值 = 欲望指数 × （1 − 欲望满足率）

感觉内容 $F = fn \times N$

意识总内容 $C = fn \times N \times M$

特别要指出的是，通过意识内容的数学表达式，可以求得任何事物被认知后的意识内容的数量和不同阶段意识内容的组成。C 为意识，fn 为感觉种类，N 为感觉对象即事物数量，M 为意识派生次数或称之为“认知系数”，这一数学表达式为深入研究认知明确了方向和突破口。其意义在于：

第一，“意识公式”明确表明，意识是有具体内容的，其内容决定于感觉种类 fn、感觉对象 N、认知系数 M，当 $M = 1$ 时，$C = fn \times N$，此时意识的内容是未派生的原始意识内容，该公式充分诠释“感觉和认知的概括”的意识定义。

第二，C 与 fn、N、M 的函数关系。对个体而言，意识内容的差异极其明显，该公式可呈现和确立不同个体颇具个性意义的函数曲线。

本书还阐述了“记忆”这一生命现象与“量子纠缠”这一普遍存在的物理现象的关系密不可分。

需要说明的是，本书把认知活动归为非物质活动，这一提法是基于传统意义上的物质观和非物质观，实际有待商榷。

更进一步地说，我们认为认知理论在应用上的展望也是值得无比期待。例如把认知看做是大脑的功能，对生命科学特别脑科学的基础研究具有现实意义；连续性选择原理对人类行为、教育学、企业管理、社会管理研究等方面的启发及其应用；“欲望公式”的提出对思维过程即认知过程的动力、倾向性的来源及其对行动的支配能力的研究、对心理动力的探讨提供理论依据；在经济领域，倘若把经济周期变化曲线看成是人的欲望变化曲线，那么一切经济活动或行为就是欲望驱使的，我们相信对欲望的深入探讨有助于人们在生命科学、人文科学特别是经济学等领域取得新突破。

导 读

爱因斯坦讲述《相对论》时有一段关于“思维和惊奇”的论述，让人记忆犹新：思维是什么？当我们接受感觉印象、产生记忆图像时，这还不是“思维”。而且，当这些图像形成系列，每一个形象都产生另一个形象时，这也不是“思维”。可是，当某一形象在许多这样的系列中反复出现，它就形成了这种系列的组织性要素，因为它把那些本身没有联系的系列联结了起来。这种要素便成了一种工具、一种概念。我认为，从自由联想或者梦想向思维过渡的标志，是由“概念”在其中所起的支配作用。概念绝不是必然要同某个感觉上可以识别的可以再现的符号（词）绑在一起，但是，如果发生了这样的情况，思维就变得可以交流了。

我们的一切思维，在本性上都是概念的一种自由游戏；至于这种游戏的合理性在于，在它的帮助下，我们能够更好地理解我们的感觉。

毫不怀疑，我们的思维在大多数情况下不用符号（词）也都能进行，而且在很大程度上是在无意识中进行的。否则，为什么我们有时会情不自禁地对某一经验感到“惊奇”呢？当某个经验同我们的已经充分植根在我们内部的概念世界产生冲突时，这种“惊奇”就产生了。当我们尖锐而强烈地经历这种冲突时，它就会决定性地反作用于我们的思维世界。这个思维世界的发展，在某种意义上说就是从“惊奇”中不断飞跃。（《相对论》，重庆出版社 2006 年版）

以上爱因斯坦讲述“思维和惊奇”的文字，让我们觉得十分有趣，不但可领略到一代科学伟人的教诲，窥探到一些关于“思维”的看法，而且可作为我们开始“关于认知”讨论的最好引子。

既然“概念”在“思维”的过程中扮演着“组织性要素”的同时，又在“思维”的活动中起到支配性作用，那么对“概念”的讨论和认知就显得至关重要。因为概念能把我们当前同世界的交流与过往的经验联系起来，所以对概念本身的深刻剖析必定能把我们生活当中人、事、物的真相清晰可信地呈现。

有趣和具体的问题是：像《相对论》所描述的时空如何发生一样，概念怎样产生？概念由什么构成？概念和意识有何区别？先有概念还是先有意识？概念不断发展后，在思维活动中形成了什么？我们天马行空的思维有最基本单位吗？是什么？可测量吗？摆在我们面前而尚未解决，然而恰恰是人文科学或生命科学的基本问题。

试想“我们的一切思维……在概念的帮助下我们能够更好地理解我们的感觉”，那就是说，我们的感觉最终形成概念和思维，必不可少地要通过认知过程，也即一切思维活动的核心问题就是认知问题。那么我们是怎样认知事物的？认知了什么？为谁认知？感觉、认知、意识、概念之间有何关系？概念除了帮助我们了解感觉外，对真实的感觉又有多少干扰呢？思考并撰写《所思所想》正是试图揭示认知的真相。

爱因斯坦在讲述“思维和惊奇”的字里行间出现“自由联想”“梦想”“无意识”的概念，这让人想起精神分析学的创始人西格蒙德·弗洛伊德对精神分析的主要方法“自由联想”“解梦”和有关“意识”的论述。虽然，爱因斯坦和弗洛伊德都是人类思想启蒙的伟大导师，但我们仍然会带着继承与批判的态度，对“认知”以及认知带来的成果展开深入探讨。爱因斯坦认为我们之所以“惊奇”在很大程度上是在“无意识”中进行的，其实并非如此，在我们看来，某一经验与已有的概念世界的冲突所带来的“惊奇”恰恰就是认知活动当中意识活动和概念活动带来的结果，是认知特性及其活动规律的表现。我们深信，在理论创新的道路上，要做到每一个新概念都忠实于事物的真相，无论对于弗洛伊德、爱因斯坦抑或是今天的科学工作者来说，都是极其重要的事情。

人类之所以成为地球上高等智慧生物，思维的出现必不可少，当然，神经系统（包括大脑）的进化提供了强大的物质基础，必须强调，认知是大脑的重要功能。本书试图站在生命科学角度，将思维形成的全过程详细“解剖”，读者最终将发现沿着“感觉→意识→概念→思维”的基本路径，清晰地标志着认知的每一个阶段，认知正是通过大脑的呈现、识别、记忆、理解、概括功能来实现。

感觉，生物体必须具备感觉器官、神经传导、大脑，才能把自然万物完整、清晰地得以呈现。也就是说，感觉的对象是万物（包括自己身体），人要获得外界的所有信息必须通过感觉来完成。“感觉”第一时间给“认知”提供最原始的资料。感觉器官由感受器及其附属构造所组成，感觉在感受器里形成，通过神经传导，反映在大脑里。人类感觉的种类虽然很丰富（声音、光线、颜色、温度等），但并不是包罗万象、无所不能，比如，我们听不见超声波，看不见红外线、紫外线等。甚至有些感觉种类存在于其他动物身上，却成了人的弱项。感觉对于生物体来说，是一种对外沟通、对内做出反应的不可或缺的重要能力。某一种感觉的缺失，通常会在同类中表现出另一种能力，比如，前庭（内耳）平衡觉受损的人往往会表现出不同于别人的抗眩晕的能力，可以说“感觉”既为人类带来万紫千红的精彩世界，又给我们设置了对无限世界认知的局限。感觉这样一种普遍存在于生物界的生命现象，当然不是人类所独有的，却是人类认知开始的唯一材料或对象，我们对世界的一切认知都从感觉开始。在新生儿的大脑结构日趋完善和成熟的时候，第一个被认知的感觉是什么？是冷暖？是饥饿？抑或是妈妈的气味或脸孔？没有科学实验证实之前，人们不得而知。但可以肯定，呈现在大脑的感觉被不断认知。从物质结构的角度看，认知的积累成为大脑不断成长、成熟的连续性刺激的刺激源。一直以来，我们都是从生理学角度去理解大脑通过神经传导和激素等作用来调节或控制生理机理的重要功能。随着认知的不断深入，在强大的物质基础（大脑）支持下，形成了意识、概念、思维，这些成果继而成为生物进化、精神进步的重要标志。

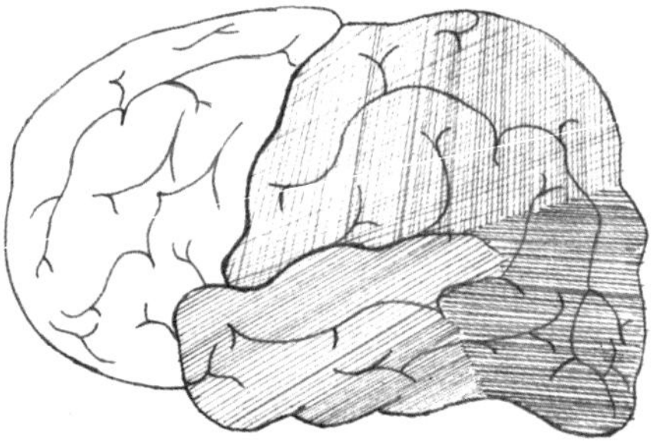

大脑侧面图

意识，是生活经验的总和抑或是思维的原始单位，至今仍然没有一个公认的、明确而符合真相的概念或科学定义，虽然意识活动随时随地发生在每一个人身上，并且支配着我们的思维和行为，但对于大多数人来说，对意识的客观存在仍然熟视无睹或不以为意。我们在《精神概论》一书中曾经鲜明地提出，意识是感觉和认知的概括，是思维活动的原始单位，意识的核心问题是认知问题。从精神起源的探讨中我们看到，尽管意识的内容都来自对自然万物（包括自身）的感觉和认知，但所有意识内容都从本能需要、自我需要、欲望需要出发；通过“欲望 = 本能 × 自我”这一公式，形象而真实地反映出三者的关系，人的所有欲望都来自本能需要和自我需要，人的所有意识的实现都必然受到欲望的驱使，每一个意识的实现就是一种实践，而所有实践就是我们生活经验的总和。因此，从意识发展的结果看，意识就是生活经验的总和，但从意识的发生或形成上看，意识是构成思维的原始单位。由于意识是活的，是生命的重要表征，随着人的不断成长，孩提时所形成的意识会同日后众多的意识不停地发生联系，每一个简单的意识在认知和再认知的过程中被不断深化壮大，意识转换成概念，参与每时每刻的思维活动。

概念，是在众多意识系列的活动中被认知概括而成，简言之，概念就是意识和认知的概括。我们把众多的意识从它的由来出发，分类出本能、自我、欲望、时空四种基本意识，我们深信，概念的内容就从四种基本意识出发不断被认知而无限扩展，新的概念层出不穷。无论概念的内容如何发展变化，每一个概念背后的意义都无一不是围绕着本能、自我、欲望的需要而建立的。概念活动不断被认知形成世界观继而形成完整的思维活动。没有概念的出现就不可能有今天的语言文字，更没有今天的高度文明。

思维，是人类之所以成为高等智慧生物的重要标志，思维活动与感觉、意识、概念的活动密不可分，思维是大脑认知的高级阶段。人类一切活动都离不开人的思维，亦是对人类智慧的严峻考验。思维是一种重要的生命表征，人类的智慧更是思维的结晶，思维究竟会引领人们走向何方？是对地球肆意破坏还是带着人类离开地球走向太空？人工智能的时代正在向我们走来，它会像重型机器人那样取代人类，做一些人所不能的事情吗？甚至超越人类？人工智能真的能取代人的认知能力吗？相信通过关于认知基础和基本原理的讨论，或许不难找到方向和答案。

牛顿物理学让我们懂得惯性、重力、万有引力，爱因斯坦告诉我们时空是物质运动的标量，现代科学让我们知道宇宙万物由基本粒子组成，通过原子、分子的构造展现在我们眼前。从现代科技的方式方法上看，对物质的认识可以从物体、分子、原子、粒子的不同水平上不断认知，从而深入地掌握物质运动的内部规律。从生命科学发生发展的历程看，倘若把意识看作思维的原始单位，把概念看作思维的组成单位，那么对人类智慧的认知就可以从感觉、意识、概念、思想的不同水平上去认识，从而深入探讨认知活动规律，开启人文科学的基础研究。

两年多前着手撰写本书，这是一项十分艰巨的任务，是一份自我要求。自始至终带给我们巨大勇气的是对于建立认知基础理论的创新驱动力，包括研究视角和基本命题的创新，一改哲学和心理学研究认知的导向和某些结论。一是以生命科学视角重新定义意识，提出认知的基本路径，建立认知理论架构，体现了唯物史观；二是把认知和感觉区分开来，总结并提出关于认知活动的三大基本原理，对主观能动的理解更为具体和生动；三是提出意识公式，试图把物质世界与精神世界的关系表达出来，为进一步进行认知的量化分析指出方向。本书基于生命科学视角提出的关于认知的基础理论及理论模型是否符合实际，期盼有更多的学者和相关领域研究者对认知理论开展深入的讨论，同时，各位读者既是认知活动的实践者，也是认知活动规律的检验者，我们深知自身学识和写作水平有限，不足之处有请广大读者批评指正。

第一章 感觉

感觉是人类认知的原始材料，有什么样的感觉就会带来什么样的认知，感觉的差异直接影响着认知上的差异，不管这些差异是来自于感受器的结构、感觉种类上的相互干扰抑或是感觉种类的缺失。

感觉内容的数学表达式：$F = fn \times N$，其中感觉种类 fn、被感觉到的事物数量 N 均为变量。这一表达式明确地揭示了一个人的感觉内容是如何产生，不同的个体对某事物所获得的感觉内容存在差异的原因所在。

第一节　感觉的有限与万物的无限

感觉，这样一种客观存在，当然不是人所特有的。植物感觉到光后，朝着光的方向生长，甚至海豚的声呐系统和昆虫对紫外线的超感觉都是人所不能的。在这个星球上，感觉的种类数不胜数。你一定会问，“感觉”是什么？

关于“感觉”，我们每时每刻都在使用着，要回答它是什么之前，还是从我们的实际生活出发，看看发生在自己身上的感觉有哪些？能数出你认为不相同的感觉种类有多少？

当你站在高高的山冈上，可以轻而易举地看见远处绿油油延绵的山脉，蓝蓝的天空，飘浮的白云，蜿蜒伸展闪着银光的河流，金黄的稻田，还有成群结队的禾雀在自由飞翔并欢快地歌唱，微风扑脸感觉阵阵凉意，随手采撷几朵盛开的野菊花，飘来淡淡清香，品尝一棵酸味草，多么令人精神焕发，好一派大自然景象。所谓景象就是外界的一切能被感觉的东西在大脑的反映。绿油油的、蓝蓝的、白的、银的、金黄的色彩是来自眼睛对颜色的感觉，正是这种感觉让人的生活丰富多彩；延绵的山脉、蜿蜒的河流、盛开的野菊花，是来自眼睛对物体形态的感觉，有了物体的形态与色彩，你会感叹眼前的景色多姿多彩；静止的山脉、飘浮的白云、飞翔的小鸟说明眼睛可感觉到物体的静止与运动；遥远的蓝天、远处的山脉、中间飘浮的白云说明眼睛还有对物体距离的感觉，有了物体形态与距离的感觉，投射到眼睛的景象都是三维立体的；随着阅历的加深，眼睛还能感觉到他人眼睛所流露的表情或脸部的情绪，这时候的感觉是综合的，甚至带有认知对感觉的理解。以上所介绍的感觉毫不例外地不能没有光线的存在，所有的景象都以光线的形式投射于眼底，最后在大脑中成像形成以上所描述的感觉。在解剖生理学上，把通过眼睛所感觉的种类统称为视觉。另外眼睛还参与身体运动的平衡感觉，比如，当你沿着已经划好的直线行走时可以说毫不费劲，一旦你闭上眼睛行走时就很难确保全程都走在这条直线上了，说明眼睛参与了行走时身体运动状态下的平衡。当你早晨睁开眼睛，起床并开始一天的生活，视觉的作用就几乎没有停止过，在正常情况下，视觉在日常生活当中所发挥的作用非常强大，具体表现为：当人的双手成为工具的时候，要准确、迅速、全面地把握事物首当其冲的是选择视觉的参与；当你参与需要手与脚配合的活动，视觉参与的协调不容忽视，运动员需要经历长时间的专门训练才能取得好成绩就是一个很好的例证。从解剖及生理学的角度看，眼球通过视神经进入大脑视觉功能区，该区与大脑其他功能区（如运动、感觉、语言、身体平衡等功能区域）的联系极其广泛。或者说，大脑的视觉功能区与大脑其他功能区域的神经传导比其他感觉（如听觉、触觉等）带来的联系要复杂和广泛得多，这是视觉在日常生活当中发挥重要作用的强大物质基础。

河水拍打着岸边有节奏地作响，风吹起树叶的阵阵欢鸣，枝头上鸟儿在歌唱，暴风雨时雷电交加震耳欲聋，你还能轻而易举地发现声音自哪个方向发出，大概距离有多远，随着认知对感觉的理解，人们很乐意去欣赏诗歌朗诵会或一场音乐会，学习母语之外的一种语言等等。这些都是声音带给人们的感觉，被称为听觉。

当你用手去采撷一株盛放的野菊花或触碰任何物体时，那种感觉称为触觉；当你把野菊花放置鼻前，会有阵阵清香，当然你一定也会遇到产生恶臭气味的东西，这样一种感觉称为嗅觉；微风扑面阵阵凉意，或者在阳光下感受到的炽烈，我们把感觉温度及其温度变化的感觉称为温度觉；当你采择一株酸味草放到嘴里尝试的时候，口腔的唾液如泉涌，有酸甜的感觉，人的一生注定要尝遍酸、甜、苦、辣、咸，这种感觉叫味觉。

以上对大自然景象的描述，你可能不以为然，但当你要切身感受她的存在或美丽的时候，原来要动用如此众多的感觉种类：色彩、形态、大小、静动、距离、速度、白天与黑夜；远近传来的各种声响；远近飘来的各种气味；舌头的五味俱全；触碰、温度变化、疼痛；身体运动时要有的肢体平衡等。其实人体还有来自于对身体内部的感觉，比如，饥饿、腹痛、口渴、头昏、头痛、胸闷，还有肌肉肌腱的运动觉和身体位置觉等等。

虽然大多数人对来自于身体外部或内部的感觉种类难以数清楚，在这里，这个并不重要，因为生物学上已经做了大量的研究。重要的是要搞清楚我们感觉了什么？或者说感觉的对象是什么？感觉在大脑成像后变成什么？人类强大的思维能力或智慧与感觉有何关系？

到底我们感觉了什么，你的回答一定是：感觉了大自然的一切，包括来自于身体外部和内部的物质变化。一切的感觉都必须经过感受器官来完成，比如，眼、耳、口、鼻等，最终所有的感觉都在大脑里得到反映。既然我们的感觉来自于自然万物，那么我们的感觉对象理所当然就是自然万物，即感觉的对象是物质的。然而，一切的物质被感觉后反映在大脑里，必须经过认知才形成意识，参与复杂的思维活动。由于认知的对象是感觉在大脑的反映，这一“反映”，我们称之为感觉表象，它实际上已经摆脱了物质本身，而是作为感觉表象被认知。因此认知的对象或认知的东西是非物质的。关于认知问题在本章及以后章节还要继续深入探讨，但必须提醒大家，感觉与认知这两个概念是有区别的。

第二节　感觉的普遍性和个体差异

上一节里我们对感觉的种类进行了概括性的讨论，你一定很想知道感觉到底是什么？从感觉的种类、对象、生理机理到解剖结构来看，人的感觉就是身体内、外部的物质刺激在大脑的本能反映。这种反映可能是图像、声音、气味、味道、温度、位置、疼痛、饥饿等。所有的感觉成为人类重要的一种生命体征，感觉必须经过感受器、神经传导，再到大脑的感觉中枢功能区域才能完成。从现代科学角度即物质运动规律看，感觉的全过程就是能量转换的全过程。比如，眼睛吸收光线后转换成神经电信号通过视神经传致大脑皮层功能区形成相应图像；内耳吸收来自耳膜、听小骨放大后的声波转换成神经电信号通过蜗神经传致相应的大脑皮层功能区形成声音等。感觉的本身就是一种能量的表现形式。大脑是物质的，感觉的对象是物质的，感觉是能量的表现形式，然而，感觉的内容是非物质的。比如，梦里的内容都是非物质的，它们来自于生活的印象，而所有印象都来自于感觉的内容，被感觉的东西越多，感觉的内容越丰富，梦境越发扑朔迷离。

请注意最难理解的问题来了：通常情况下，人们容易把被感觉的万物即感觉的对象误认为就是感觉的内容。其实它们之间有着本质上的区别：世上万物遵循物质运动规律，不以人的意志为转移，因此感觉的对象的确是物质的，但感觉的内容反映于大脑，却是非物质的，因为感觉的内容被认知后成为意识参与人们复杂的思维活动。感觉是人类认知的原始材料，有什么样的感觉就会带来什么样的认知，感觉的差异直接影响着认知上的差异，不管这些差异是来自于感受器的结构还是感觉种类上的相互干扰甚至感觉种类的缺失。随着生活的不断深入，千百种感觉出现的差异通过认知和再认知后不断放大，在思想上所形成的意识、概念、世界观对个人来说就出现极大的差异。因此，在这个世界上几乎找不到在思想上完全相同的人，尽管他们来自同一受精卵并一起生活的双胞胎。人们很多的误解、不信任甚至纷争往往源自认知上的差异。

玫瑰花

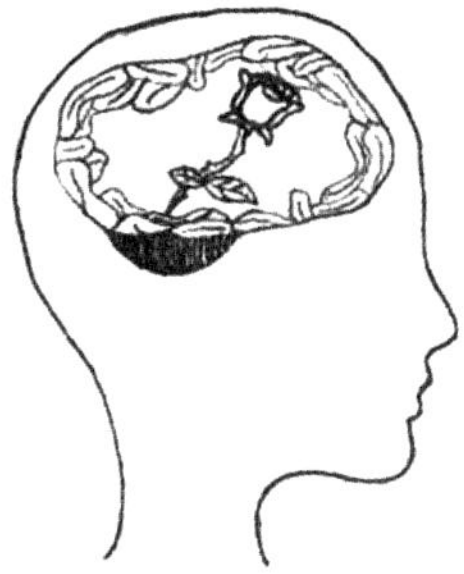

玫瑰花在大脑的表象

进一步地用人人都可以做到的实验来加强对以上论述的说明：当一朵鲜艳的红玫瑰摆在三个人面前的时候，要求他们分别对花朵的真实感觉即忠实于所看到的作描述，你会发现，当他们各自的描述越是深入，他们的差异越明显。虽然这个实验并不严谨，但它至少可帮助我们理解并说明以下问题：第一，摆在大家面前的同一个物体，经过感觉后反映在各自大脑的印象会产生差异；第二，此种情形下，大家分别对花朵的描述出现的差异，除了来自于感觉器官的结构上微小的变化抑或感觉种类上的缺失、干扰外，很大程度上是来自于“认知对感觉的理解”而并非是“纯感觉”的描述。当然，语言表达是影响描述的重要因素。

纪录片《舌尖上的中国》以人的味觉为主线，不断挖掘人们从味觉出发所带来的认知，包括人与人、人与自然、人与社会的认知。从文化艺术的角度看无疑是正确的，任何一种感觉都有初次感受继而被认知形成意识的过程，但大量对味觉的认知却又成为要找回初次味觉感受的障碍。

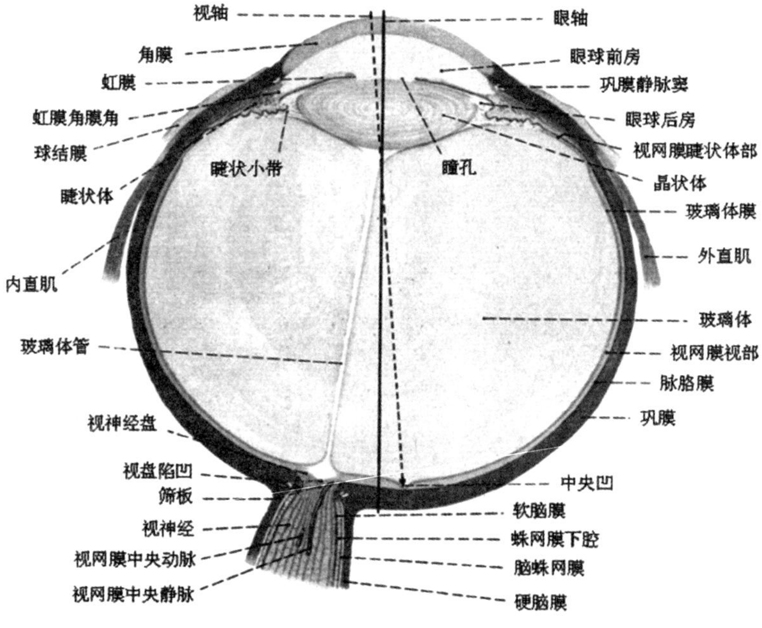

右侧眼球水平断模式图

关于人究竟有多少种可以被细分出来的感觉种类，至今没有准确答案。可以明确的是，人所有的感觉感受都从感觉器官开始。组成感觉器官的主要部分是感受器。一个感受器不局限于只管一种感觉，比如，眼睛既可以感受物体的颜色又可以感受物体的形态及运动状态等，但是不管你能数出眼睛所能感觉的种类有多少，都离不开光线对眼睛的作用。眼睛是如何接受光线的作用呢？不妨简单地了解一下眼睛的构造（见图）：光线首先穿过角膜进入房水经过瞳孔继续穿过晶状体（凸镜）和胶状的玻璃体最后把成像投射到视网膜上，让感光细胞感受的成像（光线）转变成神经电信号通过视神经上传大脑视觉功能区形成图像感觉。

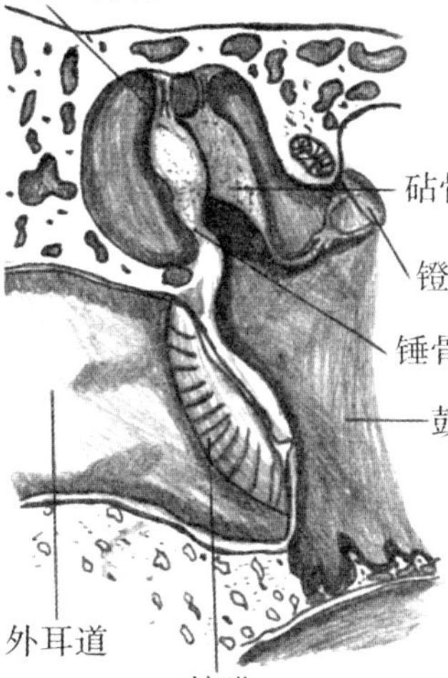

外耳结构图——声音的放大结构

那么，声音又如何作用于听觉感受器呢？（见图）。声音的传导有两种途径：第一是空气传导，声波通过外耳（包括耳郭、外耳道、鼓膜）的收集后传导至中耳（主要通过听骨链）作用于内耳（其内部复杂，内有听觉、位置觉感受器），把声波转换成神经电信号经蜗神经直达大脑皮层听觉中枢。第二是骨传导，声波经颅骨传入内耳引起听觉，医生用振动器放至颅骨进行的听力检查就是此种情形。

关于人体感觉器官就不作详尽介绍了。我们要清楚的是，感觉器官究竟是个什么东西？对于我们要展开的认知及其意识活动规律的讨论或研究有何意义？

感觉器官由感受器及其附属器构成。感受器的种类繁多，其结构有简单也有复杂，如接受痛觉的就仅为游离神经末梢；接受光线或声波的视器或听觉的前庭蜗器就极其复杂。在解剖学上，根据感受器所处的部位和接受刺激的来源分为三类：第一，分布在皮肤、黏膜、舌、眼、耳等处，接受外来环境的刺激，如触、压、温度、痛、嗅、味、光、声等刺激，称之为外感受器。第二，分布在内脏和血管并接受其刺激，如压力、渗透压、温度和化合物浓度等的刺激，称为内感受器。第三，分布在肌肉、肌腱、关节和内耳等处，接受运动和平衡时产生的刺激，称为本体感受器。

感受器的功能是接受来自身体内、外部的不同刺激，并将刺激转变为神经电信号，经过感觉神经和中枢神经系的传导通路，传导至大脑，从而产生相应的感觉。

从现代物理学角度看，感受器就是能量形式的转换器。无论是光线抑或声波都被感受器转换成神经电信号，神经电信号的传导或扩散引发机体的一系列生理、生化的变化。从生命科学角度看，光线、声波转换成神经电信号，这样一种能量代谢同样是物质的。

关键在于，由感受器带给大脑相应的感觉，其内容是物质或物质变化的“反映”，即是非物质的。感觉为人类的精神生活提供食粮，是思维的原始材料，它将伴随我们的一生，深刻地影响着我们的思想和行动，感觉被认知后形成意识参与所有的思维活动，所以对感觉的普遍性和个性的深入探讨有着非凡的意义。

正常情况下，发育健全的成人所能感觉的种类和感受器的结构是相同的，说明“感觉”的普遍性显而易见。然而不同的个人对同一事物的感觉在客观上又表现出差异，说明“感觉”的个性同样显而易见。可以肯定，个体的思维差异是从感觉的差异开始的，这仅仅是思维差异的第一步。要解开这差异的奥秘，还需接下来继续跟随本书逐章开展的问题讨论。

第三节　感觉内容的数学表达式

当我们庆幸自己能欣赏着由感觉器官带来的种种关于万物多姿多彩景象的时候，别忘记，众多感觉种类能够为我们提供对世界广泛而深入的感觉，但实际上我们的感知又被感觉器官所规限。综观生物界，不难发现，感觉不是人类所特有的，人类的感觉系统不是万能的，是十分有限的，甚至有很多种类的感觉能力无法与其他物种相比拟。人的嗅觉没有狗灵敏，人看不到红、紫外线，听不到超声波，人更不可能有候鸟在空中的定位能力等等。于是人学会利用或发明工具来扩展自己的“视野”，比如显微镜、望远镜、宇宙飞船等，人类文明征程上取得的一次次成就无不在人固有的感觉系统下来进行，如果把世间万物看成信息源，那么感觉器官就是信息过滤器，信息要转变成呈现在大脑的感觉，其数量取决于感觉器官提供的感觉种类的数量。也就是说，万物之信息不能全然形成感觉，或者说，人对宇宙万物的感觉是有限的。我们提出感觉能被测量和计算，每一个人摄取外界的信息内容等于每一感觉种类带来的具体内容之总和。

如果设感觉器官提供的感觉种类为 f，其数量为 n，感觉内容为 F，那么感觉内容 F 就与感觉种类 fn 和感觉对象有关。正常情况下，如果要对每一件事物有详尽而深入的全方位了解，几乎不可能由一种感觉来完成。比如，一件陶瓷摆在你面前，首先是视觉感受，其中包括形状、颜色、大小等；然后，你可能会用手摸一下，启动触觉感受；还通过轻轻敲击其表面，利用听觉来判断其质地等等。显而易见，认识一件事物所带来的感觉内容 F 就与感觉种类 fn，如视觉、触觉、听觉等有直接关联。

在现实生活里，随着接触的事物不断增多，感觉内容 F 与日俱增。人的成长、成熟期的变化大致可划分为两个阶段：第一阶段是新生儿到成长期（0 ~7 岁），人身体上的各器官，特别是大脑和感觉器官都处在不断成长完善的过程中，这个时期，不同的感觉种类 fn 随着人的成熟时间的不同，能呈现在大脑的感觉就存在着先后顺序之分，fn 的变量在正常情况下是一个增量；第二阶段是成熟期（7 ~ 18 岁），人的所有感觉种类基本完备。既然人的成熟期所有的感觉种类都被固定下来，除了感觉器官损伤外，正常情况下，此时的感觉种类应该是一个不变量。然而对感觉内容 F 来说，往往取决于感觉种类 fn 有否被用上，因而对于个人来说 fn 是一个变量，这是由于每一个人所处的生活环境不同，包括家庭、社会、教育、时空甚至个人生活态度和情感等，感觉的内容就有了差异。

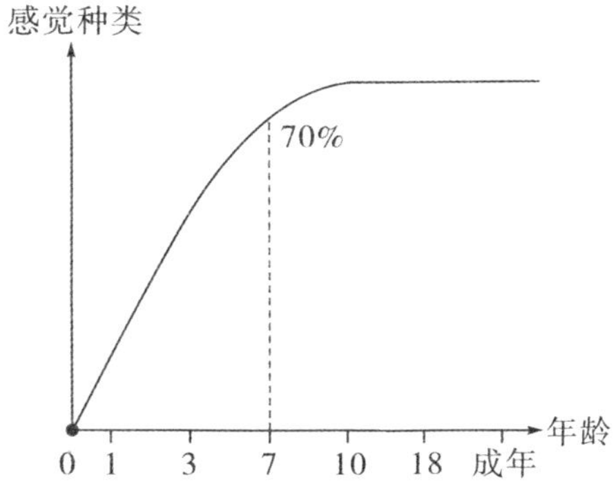

感觉种类与时间曲线图

由此，感觉内容的数学表达式为：

感觉内容 = 感觉种类 × 感觉事物的数量

即 $$F = fn \times N$$

其中感觉种类 fn、被感觉到的事物数量 N 均为变量。人的生命十分短暂，一生遇见的事物有限，一个人能够专心致志去感受的事物更加屈指可数。因此，对于每一个人来说，N 会随着年龄、地域、经历等的变化而变化；对于不同的个体来说，被感觉的事物数量 N 更是大不相同，甚至对认识事物的先后顺序方面也几乎找不到完全相同的个体。一般来说，影响感觉事物数量的情形有两种：其一，被动选择带来对事物的感觉，比如新生儿感觉妈妈的气味、容颜等，往往是被动的。其二，主动选择带来对事物的感觉，即人们主动针对目标进行感觉研究等。

从以上关于感觉内容的数学表达式 $F = fn \times N$ 可以看出，一个人对事物的认识，首先通过感觉而获得，随即呈现在大脑的感觉又是通过具体的感觉内容 F 来体现。这一表达式明确地揭示了一个人的感觉内容是如何产生，不同的个体对某事物所获得的感觉内容存在差异的原因所在。当然，人一生中所获得的感觉内容的总量同样存在差异，后面章节我们会讨论这些差异影响着认知带来的意识、概念甚至思维。

人类具备了一套完整的堪称完美的感觉系统，时常对万紫千红的景象感叹不已，加上科技进步发明的工具极大扩展了“视野”，似乎可以无所不知。其实人的感觉器官及感觉种类是有限的，就算可以无限发明工具也逃脱不了固有的感觉器官的限制。我们要探索和认识宇宙万物，无限的信息量必须经过有限的感觉器官和有限的感觉种类的鉴别。换言之，感觉系统可以被看作认识事物的坐标系，人类文化和科技的进步与发展，以及人类知识的积累，都可以从这一坐标系提供的信息出发。

至此，不难理解，感觉系统是量度世界的参考坐标系，每一感觉种类都是一把尺度，有各自形式和各自标准。因此，对感觉种类 fn 的深入探讨非常必要而且意义重大。比如，感觉种类 fn 的数量一旦确定，每一种类之间的关系如何？大脑皮层的感觉功能区域及其他部位的关系，生理生化指标的变化，脑电波变化，特别是感觉的全过程在量子水平上能量的来源、转换、传导、贮存、释放等是怎样的？从新生儿到成熟期，不同感觉种类成熟的先后顺序排次如何？这样一个序列对儿童成长有何影响？感觉种类的健全和培养，对人生兴趣爱好的选择有怎样的后果？以今天的科学技术水平要解决此类问题、完成一系列的实验是没有太大困难的。

既然对“感觉”有了较为深刻的理解，需强调：感觉的对象是物质，感觉一旦在大脑形成并且呈现，随即完全摆脱其物质属性。比如，面前的的水杯被感觉并呈现于大脑后，这一感觉表象（大脑呈现的水杯）再不能盛真正的水了。就是说，感觉的内容是非物质的。问题是产生的感觉有何用处？我们说，感觉是用来被认知的，感觉是认知的原始材料。至于感觉被认知后何去何从？认知又是何物？紧接着下一章我们就对“认知”展开讨论。

第二章 认知

人类认知能力的大小、认知水平的高低是一个动态发展的过程，从简单到复杂，从低级到高级，认知可分为三个层次：对事物表象的认知、对事物内部规律的认知、对事物意义的认知。

认知的工作方式：呈现、确认、分辨、记忆、联想、归纳、推理、思维，认知的结果分别产生了：意识、概念、思想。

认知活动规律的三个重要原理：连读性选择原理、知识递进原理、互为因果原理。连续性选择原理回答怎样认知，知识递进原理回答认知了什么，互为因果原理回答为谁认知。

第一节　认知与感觉的区别

人接受来自于身体内、外部的刺激，通过感觉器官、神经传导最终在大脑形成感觉，这样一种生命现象的解剖路径和生理过程，在科学实验面前是毋庸置疑的。

问题在于，所有的感觉去哪里了？有什么用处？我们说，所有的感觉被认知了，成为认知的材料。

问题又来了，感觉被认知有解剖路径和生理过程吗？回答是肯定的，但这一切还有待于科学实践去验证展现。感觉包括感觉器官、神经传导、大脑皮层以及感觉的对象都是物质的，然而感觉的内容却以感觉表象呈现于大脑，它是非物质的，它一旦被认知就成为意识。那么认知是什么？该如何正确定义？

认知是在大脑机能的支持下对感觉内容的选择和理解的能力，继而对意识、概念同样具备选择和理解的能力。它具体通过呈现、分辨、记忆、联想、归纳、推理等具体的大脑功能形式淋漓尽致地表现出来。认知是所有意识（包括概念）内容的创造者，又是在精神层面上一个人不同于另一个人即个体差异的缔造者。有怎样的认知就编织怎样的思想，有怎样的思想就建设怎样的生活，反过来，有怎样的生活就带来相应的认知。认知的神奇魔力，不但让人类离动物越走越远，还幻想着一步一步企图走近上帝。

日常生活里，我们时常会说“我感觉这个人做事不靠谱”“我直觉这事一定会发生”等。其实，这里所说的“感觉”或“直觉”已经不仅仅是感觉，而是认知的过程。究其原因，是我们一直没有把感觉与认知区分开来，确切地说，应该如何区分感觉与认知？

经过上一章对感觉种类、感觉器官、感觉的定义等作了详尽的探讨后，不难理解，大千世界一切物质刺激是由我们所拥有的不同种类的感觉器官来接受。换言之，感觉的对象是物质世界，包括来自于身体外部和内部的物质刺激，比如，你看到一束红玫瑰并嗅出她的香味；你感到肚子饿；当你奔跑时身体需要大量氧的供给，你的呼吸和心跳加速等。感觉一开始就发生在物质世界里。然而，认知却自始至终发生在我们的大脑里，从来就不是直接面对物质。认知的对象是感觉或意识或概念（关于意识、概念会在以后的章节中详述）。比如，感觉的对象是实物（一束红玫瑰），认知的对象则是一束红玫瑰的感觉，即一束红玫瑰的表象，或对一束红玫瑰不同层面及包含所有意义上的理解。

认知与感觉区别一览表

	对象	初发生地	对象性质	过程
感觉	具体事物	感觉器官	物质	能量转换过程
认知	事物表象	大脑	非物质	非物质活动过程

来自于身体内、外部的物质刺激（包括光、电、声、温、血液中二氧化碳浓度、渗透压等），经过感受器官转变成神经电信号，传导至大脑特定感觉区域呈现出事物的表象。这就是完成感觉的全过程，是一个能量转换的过程。从大脑获得事物表象那一刻，认知才有可能开始，随着认知的不断深入，从事物

的表象、结构、内部规律、事物所包含的意义等不同层面完成非物质活动的认知过程。从发生感觉和产生认知的两种截然不同过程，不难发现，感觉对象是物质的具体事物，认知的对象是从物质提供的表象开始的。感觉的发生地在感觉器官，认知的发生地在大脑。所以，没有经过认知的感觉表象，对意识、概念、思维来说毫无意义。

关于感觉与认知的相互影响或干扰，感觉是感觉器官接受刺激转变成神经电信号传导到大脑引发的反映，认知是大脑的重要功能。感觉反映的表象被大脑所认知，随着感觉器官的相继成熟，感觉种类陆续作用于大脑，认知的原材料越来越丰富多样，感觉种类之间、感觉与认知之间会产生相互的影响或干扰。比如，你一边开车一边打电话，你眼睛既要凝视前方，耳朵又要细听对方的陈述。真所谓“一心不能二用”，此时除了视觉、听觉相互影响外，在电话里理解对方的陈述（即认知）的时候，会明显干扰（或削弱）视觉能力。感觉与认知的相互影响或干扰，直接影响对事物真相的判断，甚至带来情绪、好恶的情感变化。至今，在日常生活里，人们还是习惯地把“感知”简单看成一样东西，其实“感”是感觉，“知”是认知，感觉和认知同时存在，从感觉到认知的转换是光的速度。

认知与感觉的区别还可以从生物进化的角度来理解。古老的海藻在25亿年前就感受着阳光，把光能转变成化学能并放出氧气，然而，认知能力在生物体上的出现，需要具备神经细胞、神经系统特别是神经中枢（如大脑）。今天的我们仍然可以看到大量感觉敏捷而没有神经中枢的生物。因此，在人类身上感觉和认知同时存在看似理所当然，殊不知，感觉与认知在这星球相继出现所需的时间比我们想象的还要遥远。

第二节　认知的工作方式

感觉是认知的对象，感觉的表象在大脑的反映，必然成为认知的原材料，面对丰富多彩的材料，“认知”该如何处理？随着认知过程的不断深入和进步，具体表现为：呈现、确认、分辨、记忆、联想、归纳、推理、思维。认知过程的结果分别产生了：意识、概念、思想。

呈现，最早的呈现应该是感觉表象在大脑的反映，可以追溯到母体内的胎儿时期（母体心跳可影响胎儿的感觉），这里说的表象呈现不仅仅是眼睛透过光线所成的图像、颜色、形态等，而是所有可被感知的感觉种类，包括声、触、痛、位置等等。认知当然是从感觉表象的呈现开始的，被认知的感觉表象往往可以在感觉对象（事物）不出现的情况下重复呈现，比如图像、形状、旋律、语言文字、情景等。但也有被认知的感觉表象在感觉对象不出现的时候无法被呈现，比如颜色、疼痛等等。虽然疼痛会刻骨铭心，却总是“好了伤疤忘了痛”。其实不是忘了剧痛的情形，而是无法自然呈现痛感。感觉表象被认知后又无法自然呈现的东西，却可以在这感觉表象再次出现时被辨认。

确认，从认知角度看，确认和分辨密不可分，对于感觉表象在大脑的反映，能确认方可分辨，能分辨方可再确认。摆在你面前有三种颜色——红、蓝、白，当你确定后它们再出现时，你可轻而易举地分辨开来。同样，当你能分辨出红、蓝、白三种颜色时，你可准确无误地确认。对事物（表象）的确认往往表现为描述，特别有了概念出现后更为常见，比如“妈妈”这个概念，可表达为我的妈妈，也可表达所有人的妈妈。对事物（表象）的确认和描述就是选择，如果在“呈现”面前不确认或描述，那么认知无从开始。认知必须做出“选择”，特别是连续性选择，才带来认知。在此我们想强调，人所认知的一切并不是物质的本身，而是事物的表象或意识、概念、思想的描述。确认和描述即选择，是认知活动规律中“怎样认知”的必不可少的重要环节，“选择”正是对“不由人的意志而转移的客观世界”认知而迈出的决定性一步。也就是说，有怎样的选择就有怎样的认知。量子物理的态叠加和坍缩现象与认知的活动规律一脉相承，没有对物质运动规律进行确认（观察）或描述（即选择），就不可能对不由人的意志转移甚至无序的物质运动成为可知的或有序的研究对象，进而通过“有序”和“可知”，构建、丰富人类宏大的知识体系。

记忆，意识表象被再呈现和辨认。意识表象来源于感觉表象，感觉表象来自感觉器官所接收的物体能量（如光线，声波等），换言之，记忆的对象就是被认知的感觉表象，继而成为被认知的意识、概念、思想。问题是正常情况下，为什么有些东西容易记住而有些东西被遗忘？可以肯定，认知内容越是深刻，越是容易被记住。人们对一晃而过的东西全然没有记忆，原因就是只停留在感觉表象上，没有被认知，没有形成意识、概念、思想而沉淀下来，感觉表象稍纵即逝。只要对感觉表象能主动地去认知，遵守认知活动的三大原理，随着认知深度的不同，你也就不同程度地记住了认知内容。我们认为，记忆的神奇与“量子纠缠”如出一辙。量子纠缠：量子是能量组成的最小单位，同来源的量子相互纠缠，即一个量子的变化，另一个量子同样的变化，不受区域（距离）限制。因此，可以假设“记忆”这一生命现象与“量子纠缠”这一物理现象之间有着密不可分的关系，包括两方面的理解：其一，在记忆当中意识表象的再呈现和辨认就是“量子纠缠”在生命体身上或大脑认知功能上表现出来的最好例证，或者说，之所以有记忆的存在，“量子纠缠”是其根本的原因，我们相信，能被记忆起来的意识表象与被认知前的感觉表象有相同的能量来源，感觉表象（感觉在大脑的反映）被认知后成为意识表象的过程就是同源量子在一个或多个神经元的传递、扩散、转换、贮存、释放等能量运动的过程；其二，如果说意识是海量的，那么意识内容的表象同样是海量的，我们每时每刻都可接受来自世间万物的认知，也就是说，海量意识表象就来源于千变万化的事物。换言之，如果不同的意识表象要追溯其能量的来源，那么一定不相同。既然海量意识内容的表象，能量来源不同，那么不同的意识表象之间就不存在“意识纠缠”，所以一个具体的意识表象被再呈现和辨认（即记忆），就不受其他意识内容的表象的影响，相反，很难想象“记忆”内容倘若相互干扰，意识表象又如何被再呈现和辨认呢？我们相信，“记忆”在量子水平上的生理机理会被越来越多的实验来证实，生命科学和量子物理紧密拥抱的时代已经到来。

联想，普遍存在于人们的日常生活里，联想需要内容，是内容之间相互作用下的联想，内容是什么？当然是感觉表象、意识、概念甚至思想内容之间相互作用下的联想。比如，蔬菜会令人联想到烹饪、健康等概念之间的关系，同时，蔬菜这个概念也可以引发对某具体菜种（萝卜、大白菜等）的形态、颜色等已有的意识上的联想，再有，摆在面前第一次见到的新菜品种其感觉表象与蔬菜这个概念之间的联想。也就是说，意识与意识、概念与概念、思想与思想之间可进行联想，同时也可以发生感觉表象、意识、概念、思想四种内容之间，数学上称为排比组合式的联想。天马行空的联想正好说明联想情形的复杂性。弗洛伊德的《精神分析引论》当中的自由联想法，大量用于临床，挖掘病人内心深处的“潜意识”，对诊治精神病症取得良好的效果，说明一个事实，联想需要内容，内容就是复杂而丰富的“意识”内容，或者说是过往的经验，特别是与该病症有关的经历。从物种进化角度看，联想是认知进步的重要一环，联想可以构建概念和思想，并且重新认知概念之间以及概念与感觉表象、意识、思想之间的关系，使认知水平不断向前发展。很难想象，如果没有联想，人类的认知能力怎样可以更上一层楼，人类的思想光辉将无法达成。

归纳，同样是认知的方式方法，其对象就是认知的全部内容。面对大量来自于感觉器官的感觉表象只有归纳才可能形成海量的意识，海量的意识只有归纳才可能形成概念，不同领域的概念只有归纳才可能形成思想。比如，大白菜、菠菜等可归纳为叶菜类，萝卜、葛根等可归纳为根茎类，西红柿等是果实类等等，这些所有被归纳的类别又可统一归纳形成“蔬菜”这样一个概念。“归纳”这样一种在人身上司空见惯的认知能力，在生物界包括灵长类实属罕见，唯独人类可以独领风骚。归纳，让认知水平不断升级，从表象、意识到概念、思想，让海量的信息（内容）一次又一次高度概括。归纳又可成为推理的重要理据。

推理，必须具备大量意识、概念的基本存量，从已知当中获取目标答案。当明确了距离，又确定了物质运动的时间后，物体的速度 = 距离/时间，就被准确无误地计算（推理）出来，只要距离、时间、速度三个概念当中有两个是已知的，第三个概念就是确定的。这是一个基础的物理原理数学式的表达或陈述。这种推理有以下特点：前提与结果被原理固定下来，实验或推理的重复不改变其一贯的结果。即一种推理，只有一个结果，并且可以重复验证。“易经”是中国古老的命理文化，通过大自然八种现象，天、地、风、雷、水、火、山、泽，和阴阳组合对应出基础八卦，乾、坤、震、巽、坎、离、艮、兑，用来推测自然与人事的变化及吉凶。比如，乾卦为阳、为天、为父等，坤卦为阴、为地、为母等，这样一种“天人合一”的推理有以下特点：其结果代表多种含意，同样是乾卦，可以是阳、是天、是父。另外其测算实验难以重复验证。以上两个推理的例证，前者是现代科学所推崇的，后者是人文学科，中国人所传承的。看似两种截然不同的哲学思想，在认知学的角度看，有着根本性的相同之处：第一，通过推理去更深入地认识事物，从已知中求取未知。第二，所有已知的内容都在认知基础上被定义，继而在已建立的理论或原理下去完成推理的过程。可以说，推理是认知的高级阶段，推理的内容主要以概念为主，推理所得的最终结果全然依靠已知的概念（包括意识、思想），从而获得有“逻辑”关系的概念或全新概念。简单说，推理往往是从概念到概念，而一切的概念都是人通过认知后去定义的，即无论概念是否经过实验或经验的检验，归根到底离不开人的观察、呈现、确认、描述、归納等认知过程而产生。

思维，是认知过程的最高表现形式，是人类智慧的重要标志，是人与其他物种在生存发展问题上能力大小的重要区别，是物种进化、精神进步的结晶和体现。虽然思维过程亦可有感觉表象的参与，但主要表现为意识特别是概念之间相互作用的认知过程，这过程把所有认知的形式如呈现、确认、分辨、记忆、联想、归纳、推理等淋漓尽致地表露无遗，因此思维就是综合的高级认知过程，通常情况下人们把归纳、推理的过程称之为“逻辑思维”。思维的最终结果产生思想。就本书而言，应从何入手，怎样展开我们的讨论？我们从长期生活体验和研究中发现，认知的东西一定来源于身体内、外部的信息（或者说刺激），包括自然万物、体内组织器官甚至DNA遗传的信息。信息经感觉器官能量转换后，在大脑形成表象，认知就有了材料，有了对象，有了不断发展的丰富而且具体的内容，对表象的认知就形成意识，对意识的认知就形成概念，以概念为主的综合认识就形成思想，在这样的“逻辑思维”的基础上展开对认知规律的研究和讨论。

第三节　认知内容的层级发展

认知内容的层级也可称之为“认知层次”。人类认知能力的大小、认知水平的高低是一个动态发展的过程，从简单到复杂，从低级到高级，认知可分为三个层次：对事物表象的认知、对事物内部规律的认知、对事物意义的认知。

第一，对事物表象的认知。不可否认，人类通过感觉器官感受事物并反映于大脑，首先是来自于事物的表象，认知的对象通常只是感觉的表象，还未达到对事物本身的认识，即使感觉将事物的表象百分百反映于大脑，认知都只能从事物表面开始，无论是单一物体的表象如颜色、形态、结构、声音、味道等，还是多个物体组成的综合表象如情境等。一个全新的感觉表象在大脑的反映，其存在是非常暂短的，稍纵即逝，它只有被大脑即时“认知”，人们才有了“意识”（以后章节将详细讨论意识）。回想我们小时候第一次看到玫瑰花或百合花的情形，如果没有被告知花的名称，是否呈现在脑海里的仅仅是它的颜色、形态、香味。尽管如此，认知的第一层次“对事物表象的认知”，清晰地完成了感觉表象从哪里来和到哪里去的过程，这一过程是通过认知的具体形式，如呈现、确认或描述、辨别等来完成，并且取得了“意识”这个伟大成果，无疑是物种进化、迈向智慧生物的不可或缺的重要一步。

第二，对事物内部规律的认知。显而易见，在生物界绝大部分的动物都具备对事物表象的认知，同时，动物在生存意识方面的自觉运用也都表露无遗。唯独人类对事物内部规律的认知越来越深入、广泛，今天人类能够建立起宏大的科学体系和多极的民族文化，这一切得以实现都是在对事物表象认知的基础上，依靠记忆、归纳、推理等认知过程来完成，这一认知过程取得的伟大成果就是“概念”，继而是“思想”。因此，概念的形成及其运用是人类在认知水平上其他物种无可比拟的，我们今天看到的多极文化和运用的科学体系，也正是概念运用能力的具体表现，从事物表象上的认知到对事物内部规律上的认知，实际上正是从意识到概念的认知，是认知能力进化和进步的有力证据。这一层次的认知是生命个体在认知水平上的飞跃，也是人类认知成长进步的关键所在，它带领人类从混沌走向智慧的康庄大道。

第三，对事物意义的认知。环顾身边所有的事物，你会发现，包括自身，无一例外都有其存在的意义，甚至在人的眼里，事物是为意义而存在。不光是快餐店、咖啡馆、电影院、健身房、图书馆、音乐厅、街头雕塑、行驶的车辆等身边一切事物有它们存在的意义，在日常生活中所做的每件事甚至一个动作，也都有其各自的特殊意义。种种的意义是在人们对事物的认知当中被理解而注入的，不管这些理解来自科学的态度还是人文精神。归根到底，所有的“意义”必须建立在人的生存发展的需要之上，具体表现为本能需要和自我需要，通过欲望来实现。事物被注入意义上的认知，是最高层次的认知，是生命世界里人类独具的，是人类尊重自然、开发利用自然的不可或缺的能力。

第四节 连续性选择原理

认知是大脑神经中枢的强大功能，认知的发生和发展当然离不开对神经生理等规律运行的研究，但本书的主要任务之一是揭示认知内容何去何从的规律性问题，因此关于认知在神经生理等物质层面（包括量子物理）的理论在此就不展开讨论。事实上，仅对认知功能的科学实验及研究并不能代替整个认知理论的研究及实践，认知问题一直是哲学、心理学、人文科学甚至生命科学研究的核心问题。

从感觉表象反映到大脑，到意识、概念、思想内容的形成，整个认知的对象是非物质的，我们要深入探究关于认知的活动规律，就必须回答三个认知的基本问题：怎样认知？认知了什么？为谁认知？

回答第一个问题，关于怎样认知，其内容主要包括以下方面：首先，认知有怎样的解剖路径和怎样的生理机理？一直以来，这方面令人信服或全面综合的报道少之甚少，通过神经解剖、生理、生化的科学实验，把感觉在大脑的反映（即事物的形象）怎样被呈现、分辨、记忆、联想、推理等的解剖路径和生理生化机理一一展示在我们面前，这一切还有待我们的科学实验来求证。况且，全部搞清楚生理机理也只不过是认知在生理学上的问题，我们要讨论的“怎样认知”则侧重研究在完备的物质基础上，人的认知是怎样产生的？被认知的感觉内容有何活动规律？让我们逐步地展开讨论。假设人的大脑的结构以及大脑的认知功能是固定的，那么认知是由什么原因触发的呢？谁引领人类不断进步，让智慧成为人类与其他物种的重要区别？可以肯定地回答，是选择。选择可分为被动选择和主动选择。我们不妨观察一下新生儿吃第一口母乳的情形，从第一口开始后，相当一段时间是由妈妈主动喂吃的，对于新生儿来说就是一种被动的选择。而当后来新生儿又哭又闹要吃奶的时候就转变成为一种主动选择。我们还可以从人类发展史的角度看，人类今天所拥有的知识是怎样从被动选择转变成主动选择，且在被动选择与主动选择的更替互换中不断获取知识，把人类推向更崇高的文明。经大量的考古证据证明，人类经历了好几十万年的游荡生活，进入所谓的文明时代也只不过数千年。我们清楚地知道，这几千年所拥有的知识离不开早前几十万年的积累，并且不断向前发展。从今天的知识水平和知识结构上看，祖先所获得的知识往往从“盲人摸象”开始，即从被动选择开始，继而有更多带有目的性的行动，即主动选择，例如今天的科学实验就是目的性非常强的一种主动选择，从而获得可用以专业分类的海量知识。

归根到底，“选择”带来认知，只有无数次选择并且连续不断地选择，认知的内容才能得到无限的发展和积累，这个问题会在连读性选择原理中详尽讨论。

回答第二个问题，认知了什么？首先，从认知的过程看，当然是认知了世界万物，准确地说，认知的对象是被感觉器官感觉后在大脑的反映，或者说，认知了感觉。大量感觉被认知后就成为意识，再认知的时候，被认知的其实是意识，即：认知和再认知是认知过程中的常态。所以，认知了什么？可以肯定地说，认知了感觉、意识和概念。另外，从认知的结果看，我们认知的一切就是知识，或者说是个人或人类的所有经验。关于认知了什么？将会在知识递进原理中详细讨论。

回答第三个问题，为谁认知？首先，要告诉大家，大脑的认知能力不是人类所特有的。站在人的角度，我们都为生存与发展而认知。生存与发展的需要具体表现为本能、自我、欲望的需要，或者说，人所有的认知都是为本能、自我、欲望的需要服务。所以，为谁认知？就是为本能、自我、欲望的需要而认知。或者说，提出为谁认知的命题就是要回答认知有何意义？总之，人们所有的追求或梦想倘若离开生存与发展的需要而谈，将毫无意义。对事物被注入意义或意识内容背后包含的意义的认知，是认知规律的最高层次，这样一种认知与人的情感建立有着密不可分的关系，而且往往我们呈现出互为因果的关系。

对应以上提出认知的三个基本问题，我们发现并总结认知活动的三个重要原理：连读性选择原理、知识递进原理、互为因果原理。

连续性选择原理

据有关史料记载，世界上最高的喜玛拉亚山曾经是海洋，有多少不为人知的物种已经在地球消失。时空的物质世界包括人类本身连续性地发展变化着，物质运动的连续性或者说时空是物质运动的标量对于人类而言是一个不辨的普遍真理。由于人不能独立于物质之外而生存，所以人的经验包括全人类的经验都只能存在于连续性的时空长河里。因此，连续性成为人的精神体系形成、发展和进步的客观条件。

连续性，描述一种连续的趋势，比如“aaaa……”是一种 a 符号的连续排列，“bbbb……”是 b 符号的连续排列，“abab

……”是 a 与 b 相间的连续性排列，还有，“aabbaabb……”等排列，相信你能随手画出众多连续性趋势的不一样的排列组合。当不一样的符号代表一件或多件事件时，在人们的日常生活里，发生在你身边的事件看似不相干，当这些事件放到全社会来看，你一定会发现事件所包含的连续性意义。连续性让人明白一条铁的真理：我们都从远古走来亦义无反顾地走向未来。时间的连读性和空间的延伸性不由人的意志而转移。

《精神概论》一书对选择有以下定义：选择就是对事物及其运动方向的确定或描述。选择属于欲望范畴，一个欲望可有多个选择来满足该欲望的需要，比如，要饮水的欲望就有来自要河水或井水还是现有的自来水等多种选择，再进一步找水源亦出现多种不同路径的选择。欲望强调原动力，选择强调目标的指向性。欲望通过选择让人付之于行动；欲望通过选择让思维或概念得以清晰。综观人类历史包括个人生活史的发生和发展来看，选择自始至终伴随着我们成长壮大，并一如既往地引领我们走向未来。从人类几十万年的游荡生活，到游牧及农耕生活，再到今天文明社会的建设，每一次的进步都离不开人在欲望的驱使下通过选择付之于行动而逐步取得的。当要吃上坚硬外壳内的果肉选择了举起石头；当要抵御猛兽或外敌时选择了石头作武器；当生活的各种需要选择了石磨、石刀、石针等做工具，人类在选择的不断堆积下走进颇具里程碑意义的石器时代。特别是科学实验，如果脱离对实验目标、工具、方法等众多因素的选择，每一个实验将无法进行。

对于每一个人来说，每天面临的衣食住行，时刻离不开你的选择来完成。特别是成年人，对生活上很多的事情已经习以为常、司空见惯，人们很容易忽视选择对影响每个人生活所产生的重大作用。

选择可分为主动选择和被动选择。当你回顾你的生活，总觉得绝大多数的行动都是自己理性的决定，你会承担它所带来的一切后果，这些选择就是主动选择；受自然条件或他人等外来因素的影响，对于目标的达成从来就不是你本人的意愿而你去完成了，这样一些选择我们称之为被动选择。被动选择同样普遍存在我们日常生活里。漫无目的之游历，其中每一个行动的选择往往是被动的，此时的行为与其他动物毫无二致；深思熟虑，目标明确的每一个行动的选择往往是主动的。正是这样一种主动选择的不断积累，让人类离动物越走越远，而科学实践则是主动选择的最好例证。综观人类史，不难发现人类从被动选择与主动选择的交替行动中，不断探索走向今天所谓人类文明。被动选择主导着人类几十万年的游荡生活；然而，主动选择却引领人类，近代几百年时间造就的科技进步远远超越几十万年的总和。当然，没有过去的游荡生活就没有今天科技进步、资讯发达的现代生活。被动选择积累了人类丰厚的精神基础；主动选择丰富和发展壮大人类精神生活。

当你的每一次选择转变成行动时，就是你作为人作用于外部世界的一次实践，无论这次实践的结果如何，反映到大脑上来的或是事物之表象，或是事物背后之意义，都为你带来对事物新的认知或重新的认知（温故知新）。至此，就不难理解，选择才会为你带来认知，或者说选择是认知的必由之路，没有选择就没有认知。然而，人的一生是连续的，选择从来就不是单个孤立的，而是连续、动态和发展着的，时间从来没有停止过，几百万年人类的发展历史正好说明了这个问题；到了今天资讯发达和科技进步的时代，生活上每一个选择往往表现得理性而且主动了，但人的选择仍然一如既往地不断进行着，无论是被动选择还是主动选择。总之，我们把连续、动态和发展着的选择称之为连续性选择，把连续性选择普遍存在并作用于我们生活的方方面面的真理称为连续性选择原理。

试想一下你人生里许多个第一次选择的情形。童年时代面对新事物的选择，例如爸爸妈妈第一次带你去动物园游玩，第一次看电视播放的动画片，应该说绝大多数景象和画面在大脑反映的，只是你所能感觉到的外在事物的表象，或者说，此时还仅仅停留在对事物的表象的认知上，往往是被动性的选择；人每当面对新的事物所获得的认知一定是片面的、表象上的和静止的，随着成长过程中无数次对身边事物的选择，成年后对于新事物的认知渐渐地迈向一种主动性的选择。连续性选择给我们带来的不仅仅是对于事物表象上的认知，还提升至事物背后所包含的意义上的认知。人一生下来就必须在不断的选择中成长，第一次的选择或重新选择都必然成为连续性选择的不可或缺的组成。连续性选择带来的认知表现为全面的、事物结构上、运动规律上和意义上的。

以下是一个小实验，用一个数学几何的基本问题来具体说明，选择能为我们带来怎样的认知，连续性选择的过程又是怎样诠释一个认知的过程：大家最初对平面的理解是有周边的或边缘无限延伸的，为了进一步对一个普通的平面作深入了解，可以选择对平面作连续垂直切割，无数次的结果只有一个答案，是一条直线。此时，连续性选择为我们带来的认知就是平面可以由无数的线组成；倘若继续选择对线作连续性垂直切割，无数次的结果证明，是一个点。此时，连续性选择给我们带来的认知就是线可以由无数的点组成。综观第一次对平面、第二次对线的连续性垂直切割后，给我们带来如下认知：点组成线，线组成面。或者说，一个平面可分解出无数的线或点。电视画面的清晰度，摄影像素的概念都来自于这样一个数学几何的基本原理。

以上例证让我们清楚认识到，当选择平面或线和点时，我们认知了面、线和点，或者说在大脑出现了面、线和点的表象；当每一次的选择转变成连续性选择后，为我们带来了面、线和点之间的关系及组成上的深刻认知。因此，连续性选择原理就是人们怎样认知事物的基本原理，连续性选择的过程就是我们不断认知事物的过程，特别是当你能与解剖学和生理学上关于怎样认知的神经传导、大脑结构及功能分区等结合起来理解，就不难知道，原来连续性选择是有物质基础，具体地说，连续性选择原理所能发挥的作用不能没有神经反射弧的有力支持。（反射弧图解）

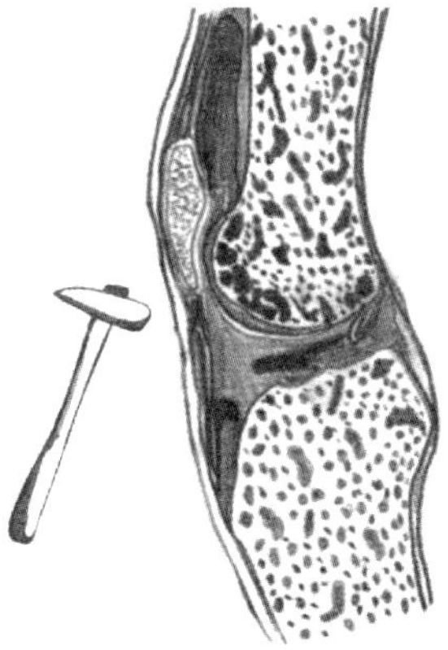

膝关节图

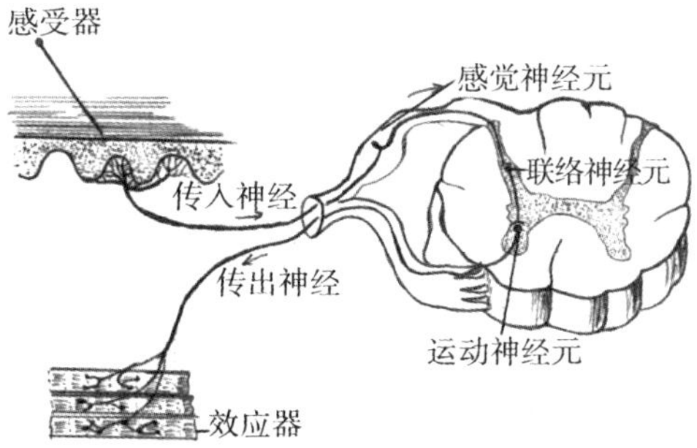

神经反射图

连续性选择原理的作用

连续性选择原理有何作用？如何作用？由于连续性选择每时每刻都发生在人们的日常生活当中，面对着五彩缤纷的世界，受着无穷欲望的驱使，你每次的选择或行动必将成为你对事物认知或再认知必不可少的出发点，选择带来认知，认知反过来影响选择。正是在“选择、认知、再选择、再认知…”的交替运动中，形成连续性选择，最终建立起你的主观思想和行为习惯。选择必定要作用于物质世界，而认知却是物质世界在大脑的反映之确定并通过呈现、分辨、记忆、联想、推理、归纳等形式具体体现。既然连续性选择原理处处作用于生活的方方面面，还是让我们回到生活的实践中，通过例证展开深入探讨。

当你口渴了，拿起面前盛满水的杯子时，一切都发生得那么自然，顺手拿起，司空见惯，习以为常。就这样一件简单的事情，回到你人生第一次自己拿杯子的情形，看看连续性选择如何作用于身体并带来全方位的认知：一开始就用眼睛选择看，杯子的盛水，杯子的颜色、形态是圆或方通过视觉反映在大脑里，对杯子的表象有了初步认知。继而选择用手去把握杯子，这个动作对成年后的你再简单不过，但对婴儿来说简直就是天大的事，经历了多少次的触摸，多少次的跌跌撞撞，才成长起来，轻而易举把握杯子。倘若把这一切说成是锻炼，不如说是连续性选择的作用造就了你能准确无误地把握杯子的本领，连续性选择带给你眼、手、肌肉及身体各部的协调上的精细认知。当然，这是视觉、触觉、位置平衡觉等各感觉器官及神经系统协调参与的结果，这样的过程就是生理医学上称为条件反射建立的过程。当你细细品味生活的每个点滴，不难发现发生在你身上的行为习惯都离不开条件反射的建立、巩固，从而通过神经系统的基本活动方式“反射”淋漓尽致而生动地表现出来，或者说，行为习惯是对某一种行为连续性选择所形成的稳固的神经条件反射的表现形式。巴甫洛夫的神经反射理论就不在这里细说了，引起注意的关键问题是选择与神经反射的关系，因为，对这种关系的理解有助于我们对连续性选择如何作用于神经系统，又怎样带来认知（包括来自身体外部或内部的认知）开展深入讨论。

正常情况下，生命成长的过程都是各系统各器官的不断成熟的过程，从胚胎学角度看，虽然各系统各器官的成熟不是齐头并进的，神经系统的成熟和完善也是因人而异，特别是在智力的成熟或进步方面，不同的人可以表现出极大差距，但终究每个人的身体器官的形态、结构、细胞组织是一样的，不同人的差异特别是成长过程中思想上的差异，取决于身体的成熟程度和连续性选择带来的一系列的生活经验。

对每一个人而言，从出生那一刻开始，选择就伴随着你的一生，不管是来自被动性的选择的还是主动性的选择。此外，相对于神经系统来说，选择是主动的变化着的；神经结构虽有生长成熟期，但相对于选择来说是被动的，随着选择不断变化发展，神经反射的结构即反射弧从初步建立到趋向稳定，这种情形就是通常所讲的生活习惯包括思维习惯的形成过程，大部分的生活习惯会伴随你的一生。现实生活中，选择不会单一而孤立地存在，总是连续不断地多方位地发生、发展着。连续性选择的作用表露无遗，最终结果是通过感觉器官让神经系统的反射弧建立起来，与此同时，带来对事物表象的认知，包括肢体准确把握事物的认知。简单地说，连续性选择的作用建立起生活所必需的种种条件反射，反射弧成为认知的物质基础。然而，认知却是发生在大脑里的事儿，认知每时每刻影响着每一个选择。这一过程正是理性形成的过程。连续性选择的作用，让我们清楚地认识到一个普遍真理：人必须在选择、认知、再选择、再认知的轨迹上成长、发展、壮大。连续性选择、神经反射、认知三者互为因果，并不断发展、壮大和进步。连续性选择缔造了生活所必需的各种反射弧，反射活动造就无限的认知，认知不可或缺地影响着连续性选择的方向，连续性选择引领人们认知上的每一个进步，而认知上的进步是以神经反射的强化、稳固作为物质基础的。

当你要学习武术或唱歌时，必须从基本功开始，经过不断的训练才可能做到对动作或发音的把握，以及技法上的融会贯通，最终学有所成，这是常人都明白的简单不过的道理。这个道理说明，人们每一次的学习在连续性选择原理的作用下，建立起来自眼、耳、口、鼻等不同器官的条件反射，同时带来了认知。然后，连续性选择、神经反射、认知三者在互为因果的作用下，造就了学习武术或歌唱的不断进步。

为了加强对连续性选择原理的理解，有必要举狼孩的例子。所谓狼孩就是人在婴幼儿时期被狼掠走并养大的小孩，当我们把狼孩与正常成长的小孩作一个对比，你会清楚地看到：小孩在父母的精心教导培养下健康成长，从站立行走到语言表达，社会性的生活方式基本成形，六、七岁便开始进入学校接受系统的正规教育。然而，狼孩却还停留在与狼群一起的生活方式上，连正常的站立都出现困难，人类的语言一窍不通，虽然可以重新训练和矫正，但将会在相当长的时间里存在挥之不去的狼的习性。同样是人类所生的小孩，一个成了狼孩，一个却在人类文明的熏陶下幸福地成长。可以肯定：连续性选择原理自始至终作用于狼孩和正常小孩，在连续性选择原理的作用下，狼孩有了狼的习性，小孩养成文明人的生活习惯，同样是连续性选择原理的作用，让狼孩有了狼一般生活的认知，让小孩有了人生活的认知。虽然，孩儿选择狼孩的生活方式或正常人的生活方式都是被动的选择，却恰恰说明人们一开始的选择往往是被动的，一直到了人们有自主意识、有目标以及对事物的发展方向了如指掌时，主动选择就成为了我们通常说的理性。不管选择是被动的还是主动的，连续性选择原理的作用依然会一如既往地建立起条件反射，并带来认知。我们深信，除了某些本能的行为或神经反射是由先天带来外，绝大部分的行为和思想都应是在连续性选择的作用下后天习得的。狼孩与正常小孩的区别，表面上看是生活方式的区别，其实质是认知上的不同所带来的结果，当然所有的认知是从你的选择开始。相对于选择和认知而言，人的身体与世界万物一样，有其自然结构和内部规律，相对稳定和静止；而“选择”则是不断变化发展着的，相对来说是一个持续不断的动态过程，不断地丰富着人们各式各样的认知。如果说选择带来认知，那么连续性选择原理揭示人如何认知世界。

连续性选择原理是认知活动规律的重要原理之一，我们所讨论的认知是指对事物三个层面上的认知，第一是对事物表象及结构上的认知；第二是事物运动规律的认知；第三是对事物存在意义上的认知即人类生存与发展需要上的认知。第一次认识的事物即一次的选择带来的认知充其量只是对该事物表象上的初步认知，当然连续性选择都是从第一次选择开始，随着对事物的不断认识，你对其内容认知得越来越丰富，连续性选择原理的作用表现无遗。倘若没有连续性选择原理的作用，对事物认知的三个层面就无法全面、稳定、深入地被认知。

通过以下的例子，再看看连续性选择原理的作用是如何不断深入地带领着我们从不同的层面上认知事物：当我们对水这样一种物体还未形成概念的时候，水是一种再平常不过的物体，几乎随时随地可见，在小溪里、在江河里、在海洋里、在雨中等，从我们的感观中可清楚知道，水，无味无色无形，常温下水为液态，冬天零度以下为固态，水天天被饮用，这是对水表层的认知；随着生活频繁选择使用水以及从书本中或物理化学实验中获知，一公升水为一公斤、水零度结冰一百度沸腾、水有浮力、水具有良好的吸热散热作用、水的势能可发电、水是生命不可缺少的物质、水分子由两个氢一个氧组成，等等，这是从第二个层面上进一步对水的深入认知；水既可载舟又可覆舟的道理讲了几千年，其意义之深远可想而知，在云南等地一年一度的泼水节源远流长，中国人以水为财的习俗可以说举不胜举，从文化角度来挖掘，中国人给水所注入的意义说也说不完，这是从第三个层面上去认知事物对人的生存与发展所包含的意义。正常情况下，对事物表象上的认知是所有人都能做到的事，对事物运动规律的正确认知更多地则是科学工作者才能完成的事，对于事物被注入意义上的认知就容易被人们广泛地接受，当然包括来自于科学、文化、宗教、习俗甚至情感等不同领域所注入的意义。事物的千姿百态，在人面前都有着众多不同的意义（包括人活着的意义），对于不同的人，对同样事物存在的意义上的认知可能相同，可能有差异，可能背道而驰。正因为如此，对于事物意义层面上的认知，既是文化、信仰、习俗甚至情感的出发点，又是文化、信仰、习俗甚至情感发展或追求的理由，归根结底，一切事物存在的意义都是为人的生存与发展的需要而服务，换言之，人类生存与发展的需要的意义，终是要注入一切事物的存在当中，被我们所认知。

连续性选择原理是认知规律的最基本的重要原理，如果没有对“水”进行连续性的选择，那么不可能对水有进一步的认知，更没有三个层面及总体的认知，对世间万物的认知同样如此。假如大脑的结构和认知功能是完备的，那么在连续性选择原理的作用下对事物摄取的信息就是连续而完整的，作用于大脑的信息刺激也是连续而完整的，建立起来的神经反射才是可靠而稳固，对事物的认知才是全方位的，宏伟的知识大厦得以拔地而起。

经过以上对连续性选择原理的详细讨论，不难发现：连续性选择原理与大脑的认知功能是一对相互作用、相互促进的矛盾体。如果只有大脑的物质构造，没有连续性选择的作用，那么对事物谈不上认知，更不存在全方位而深刻的认知；倘若只有连续性选择的作用，而大脑认知功能的构造没有或不完备，那么就没有认知或认知缺失。两者缺一不可。宇宙的物质存在对于任何物种可看成一个不变量，而相对于物质的存在，物种器官的进化或成长成熟，在生命的历史长河里则是一个变量。换言之，物种必然要在适应环境的变化中不断进化或变异。那么，生物体又怎样可以感受到环境发生了变化？当然是连续性选择的作用，带来外部、内部刺激，引发生物体一连串反应，最终导致生命进化或变异。也就是说，连续性选择的作用促进了生命的进化以及精神的进步。所谓物种进化，就是器官（如大脑）的改变或完善；所谓精神进步，就是认知得到极大延伸并取得丰硕成果（如意识、概念和思维）。细菌的耐药性、虎鲸集体轮番猎杀灰鲸、狼孩的生活史、人类有了基本站立行走的构造后相当一段时期才从树上走向大地等等例证，无疑地指向一个事实：物种的进化和精神进步，连续性选择原理是必不可少的重要原动力。从“精神进步”来看，连续性选择原理与大脑认知功能之间的相互作用缔造了今天人类辉煌的精神生活。

至此，本章对认知过程的三个层面（即事物的表象、结构和内部规律、被注入的意义）、认知活动的三大规律之一（连续性选择原理及其作用）作了详尽讨论。关于认知活动的其他两个规律（知识递进原理、互为因果原理）将放在“意识”一章中讨论，因为意识的核心问题还是认知问题。为了对意识的活动规律的认识更加全面深入，必须在讨论“意识”之前，提出本能、自我、欲望及其关系的讨论。

第三章

本能、自我、欲望及其关系

本能、自我、欲望并不是人类所特有。从生物进化与进步的角度看，直到今天，植物和动物的生存发展主要依靠其本能的能力。人之所以成为高智慧的人类，离不开在原有的本能能力基础上，自我能力的进步大大超越其它物种，尤其是人类欲望带领着人类走向离动物越来越远的地方。

既然本能、自我、欲望是客观存在，那么本能、自我、欲望就应当成为认知的对象，继而生成本能意识、自我意识和欲望意识，最终成为本能、自我和欲望的概念，参与到思维中去。本能、自我、欲望的需要既是认知的原因，又是认知的结果，所以对本能、自我、欲望及其关系的讨论极其必要。

本能、自我、欲望三者关系的数学表达式：欲望＝本能×自我。

第一节　本能及其特性

本能是什么？本能是指生命体与生俱来的原本能力，主要包括摄取外界营养、生长、成熟、繁衍、运动、认知的能力，具体表现于生命体的构造及维持生命的生理机理。本能相对于自我是内在的，本能的每一种能力被认知后形成具体的本能意识，并构成意识活动的最基本意识之一。

首先，我们从较为低等的生物开始关于本能的讨论，以植物为例。植物作为生命体，一般情况下由根、茎、叶、花、果所构成。根又称根系，由众多大小不一的根组成，除稳固植物体的位置外，更重要的是吸收地面水分，同时，摄取生命所需的来自土壤的营养；茎，除了树立起植物的躯体外，是水分和营养的输送通道；叶，既是植物的呼吸器官，吸纳氧气呼出二氧化碳，又是植物通过光合作用把空气中的二氧化碳转变成植物自身建造所需的碳水化合物的重要场所，同时光合作用产生氧气；花，可以看作为植物的生殖器官，借助风力、昆虫等方式完成一系列有性繁殖，当然，植物还可以通过无性繁殖方式进行繁衍，如枝条插种等；果，是保证新一代种子存活的重要场所。种子在适当的外部条件下生根、发芽、生长、成熟、开花、结果，在继承中壮大自己的族群，最后在生老病死的循环中完成着一个又一个的生命周期，综观植物生命史所描述的一切，都是植物本身原本能力的具体表现，植物的生存和发展全然依靠本能的能力。

作为地球上最高等动物的人类生命，正常情况下都是从受精卵开始。经过在子宫内膜上的种植，细胞分裂从单细胞到多细胞，再从胚成长为胎，直至新生儿呱呱下地，需历时七至十个月。从人体内部构造来看，所有的生命活动必须依靠分工明确的各个系统及其固有的生理机理来完成，比如，通过呼吸系统（包括鼻、咽喉、气管、支气管、肺泡）把空气中的氧气输送到肺泡与心血管系统（包括心脏、动脉、毛细血管、静脉）的毛细血管中红血球所携带的二氧化碳进行交换，从而完成呼吸这样一种时刻需要维持的最基本的生命活动。

人体的各大系统主要包括：

运动系统（肌肉、骨骼、关节等）

消化系统（口腔、咽、食道、胃、小肠、大肠、消化腺等）

呼吸系统（鼻、喉、气管、肺等）

泌尿系统（肾、输尿管、膀胱、尿道等）

生殖系统（男、女生殖器）

循环系统（心血管系统、淋巴系统）

内分泌系统（脑垂体、松果体、甲状腺、胸腺、肾上腺等）

感觉系统（光、声、温度、痛、味、位置、平衡等）

神经系统（脑、脊髓、神经等）

人体各系统器官及其生理机理的需要就是本能的普遍需要，我们把生命体的构造和生理机理及其需要被认知后构成的众多具体意识统称为本能意识。

通过以上对植物、人体的结构及生理机理的了解，我们总结生命体的本能具有的共同特性如下：

第一，本能具有先天性。由于生命体的结构及生理机理都是与生俱来并在此基础上成长、发展，我们把本能由先天带来的特性称之为先天性。

第二，本能具有个性。无论是一株花，还是一个人，我们都可以在每一个生命个体中找到与其他个体的区别，本能个性是本能先天性在个体身上的具体表现，我们把本能具有的这种特性称之为个性。视网膜或指纹确定身份的方法就是本能个性得以应用的例证。

第三，本能具有单向性。众所周知，人的生命只有一次，所有的生命个体都必然经历诞生、成长、消亡的过程，从生命过程看，本能具有单向性。

第四，本能具有惯性或顽固性。习惯于面食的北方人，一旦到南方工作，长期吃不上面食就感觉不舒坦；有些孩子从小用左手握筷子，一直到成年都难以改为右手握筷子。本能的惯性显露无遗，自始至终渗透到我们生活和行为的方方面面。

第五，本能具有感性。森林在不同的季节呈现出五彩缤纷的图画，是树木对温度、阳光的感性引起的变化。作为最高级动物的人类，感觉器官及神经系统的进化堪称完美极致，全方位感受的事物和内容极其丰富和生动。人类对万物特别是情感的感受和理解，是其他物种无法比拟的，本能感性的作用对人类的进步无比重要。

第六，本能具有唯乐性。本能需要摄食，同样需要排泄，每一次的摄食或排泄都是本能释放的重要形式之一。在人们的生活当中，每一次的本能释放都无一例外地带来愉悦。我们把这样一种伴随你一生的对愉悦的追求称之为本能的“唯乐”性。本能“唯乐”性理所当然地成为本能活动的基本原则和自我活动的“检查官”。

以上对本能的定义以及本能特性的概括，无疑有助于我们建立起对生物本能的初步认识。为了对意识和概念活动规律的揭示作些铺垫，还是让我们对本能具有的特性展开进一步详细的讨论。

本能先天性与差异

从物质层面上看，本能就是生命体的构造及维持生命的生理机理。简单地说，本能是每一个生命个体的原本能力。每一个生命体都只不过是生命世代繁衍的其中一代，不管来自哪一个世代，同一族群总是表现出同一生物种类的共同特性，这些共同特性都是新世代从上世代中毫无保留地继承下来，换言之，共同特性的继承取决于本能的先天性。从现代科学角度看，先天的因素全然通过细胞核染色体上基因的组合，传息于生物体身上。由于本能具有先天性，这让人们对地球上庞大的生物族群的深入认识和加以分类成为可能。

松树是树木大家庭里一个常见而庞大的生物种类，它们具有的共同特性让人很容易地将其与其他树种区分开来。松树是乔木的一种，属于针叶木，松果上的种子裸露于空气当中，成熟的松树可分泌大量的松香，松树还具有比其他树种更耐寒耐旱等特性，很明显，松树所表现的所有共同特性都是先天带来，或者说从上世代继承而来。此外，在松树共同特性的基础上还可以寻找到一些更微小的差异，正是这些差异可以把松树分类成不同品种，比如，松树每一簇针叶的数目；整体树冠树形；松果的形态；在阳光映衬下的色彩等，根据其差异可细分出不同的品种，如，高山松、雪松、广东特有的蓝松等。

人类也有很多共同的生物特性，但通过其差异仍可轻而易举地把地球上的人分为白种人、黄种人、红种人和黑人。那么同一族群同一世代的兄弟姐妹的情形又如何？

双胞胎有两种情况，其一，由两个受精卵分别成长的双胞胎，民间称为“龙凤胎”的就是此种情形，往往性别不同，样貌不一。其二，由一个受精卵细胞分裂后，即桑椹胚时期，由一堆细胞分开成为两堆细胞在同一个子宫内成长而成。此种情形往往是同一性别，样貌十分相近。所谓“龙凤胎”是分别受精的受精卵成长而成，故此，两个受精卵的遗传信息不尽相同，新生儿的差异与家庭成员中兄弟姐妹的差异状况毫无二致。然而，同一个受精卵后形成的双胞胎所继承的遗传信息完全一致。认真的你一定会问，为什么在相同的遗传信息下，极其相似的双胞胎个体上还是不难地找到他们的差异呢？虽然，遗传基因和生理机理都是一致的，但由于是两个不同的个体，而每一个体在发育、成长、成熟的长时间里，直接受生存环境变化的影响。换言之，此时双胞胎的差异完全受制于生长环境的变化，包括供养、空气、水分、阳光甚至感情因素的培养等等众多外部环境因素的影响。

综上所述，生物体本能先天性及其差异完全取决于遗传基因和生长环境的变化，最终，本能的先天性及差异表现成为每一个人的个性。双胞胎也好，普通的人与人之间也罢，身体、器官、样貌、说话的声音，以及一切来自于内、外部的感觉所引发的刺激，都客观地存在着差异，而这一切的差异除了物质层面上的差异，还有精神层面上的差异，甚至人与人最大的差异是思想上的差异。既然人在大脑的构造方面几乎一致，那么人与人思想上巨大的差异又是怎样形成并发展起来的？这种差异应当是连续性选择作用带来的。先天具备的种种能力，如营养摄取、繁衍、运动、感觉等能力，无一例外地在连续性选择的作用下得到锻炼和巩固。虽然，连续性选择原理对每个人都起作用，但每个人摄取的来自内、外部感觉（信息）所引发的对大脑（神经中枢）的刺激不可能完全一样，因此，不同的人思想上存在差异，就一点都不难理解了。

本能个性与生物多样性

一个树种和另一树种可以轻而易举地区分开来，同一种类的不同个体亦不难加以区别，在自然状态下，不可能找到绝无差异的另一个生命个体，正因为如此，本能的个性表露无遗，本能个性是本能先天性的具体表现。

那么，本能的个性从何而来？首先，物种的个性取决于物种自身的先天性。不同的物种有着不同的遗传基因，物种之间的个性区别完全取决于不同的遗传基因。其次，环境因素的影响。除了遗传因素外，无论是一颗种子长成参天大树还是受精卵、胚、胎、新生儿长大成人，无一不受到生长环境的直接影响。环境因素的影响是多方面的，比如水、土、气、阳光、食物甚至母体的健康状况等，另外，每一个体所占据的时空都是唯一而独特的，环境的因素又随着时空的更替而不断变化着。因此，正常情况下，本能个性的形成全然来自于遗传因素以及时空环境因素带来的变化，本能个性在相当时间内是稳定的，但总体是变化着的，比如拿每个人的容貌来说，成年与童年相比，判若两人。

地球上的生物种类数不胜数，可以分为植物、动物、微生物三大类，不管是海洋还是陆地，地球上物种的灭绝或新物种的诞生，每天都在发生，从来就没有停止过，生物的多样性成为美丽地球的重要标志。

生物的多样性正是由千千万万生物个体的本能个性所组成，试想，如果没有生物个体的本能个性，那么生物的多样性将不复存在。

人类是地球生物的一个大物种，落实到每一个人身上的个性，却都表现得个人各一，栩栩如生。当然，这里所说的每个人身上的个性包括体现在身体形态上的本能个性以及思想行为（关于自我特性，将在后面章节讨论）上的个性。人类是靠认知能力而生存发展壮大的物种，每一个人都必然带着本能的个性，投身到对自然万物的认知上来，所有的认知都从本能个性出发，并受本能个性的束缚。比如，让一个1.5米的人与一个2米的人同时去获取摆在2.5米高处的物品，他们的感受及带来的认知必然有所差异。另一种情形，就是对自身本能个性的认知，由于每个个体的本能个性都存在明显差异，这就必然导致不同的人对本能个性认知的差异。以上两种情形对我们理解人与人为何存在认识上的差异有极大帮助。

本能个性是指生物个体身上所能表现出来的生物特性；生物多样性是生物体本能个性放进生物大家庭中所表现的全体面貌。本能个性在今天的社会性生活中得到广泛应用，比如利用指纹、视网膜、骨骼、脸相等本能个性上的特点，大量应用于身份甄别、防盗等日常生活的方方面面。生物的多样性让人们越来越清楚地认识到，人类要持续发展，必须维护地球的生态环境，对其他物种的随意杀害、过度的土地开发、工业生产的废水废气导致空气和气候的恶化等等，如果不加以限制或治理，最终自食恶果的一定是人类。

本能单向性与生老病死

不难发现，人到中年后，身边亲朋好友谈论眼蒙、耳悖、高血压、糖尿、便秘、骨骼变形、肌肉酸痛等关于身体的话题开始多起来。今天的中国已迈入老年化社会，据《2016年社会服务发展统计公报》数据显示，截至2016年底，全国60岁及以上老年人口已经占到总人口的16.7%，人从婴幼儿到少年、青年、老年的成长过程不可逆地成为必然，人死不能复生，甚至器官一旦病变、坏死、缺失就不能重生。岁月的流逝告知了满头的银发和脸上的皱纹，铁的现实无情宣告：本能的发展是单向性，生命只有一次。

生老病死不可避免地摆在每一个人的面前，其实，生老病死只不过是生命规律的自然现象，是新陈代谢在生命不同阶段的具体表现。新陈代谢包括物质代谢和能量代谢，两者互为因果，使机体成为一个有机整体。所有生命都是有寿命的，生物体的寿命期限就是死期，此时意味着新陈代谢的终止。

生，指生命的诞生和生长。诞生就是新生命的开始，是世代继承的基本形式。一般认为离开娘胎那天称为诞生日，所以每个人的年龄计算都从这一日开始。从生命发生来看，精子与卵子结合成为受精卵的那一天才是你新生命的开始。因此，民间流行着实岁虚岁之说，庆祝生日都存在各处乡村各处例的现象。人的生长过程大致可分为几个阶段：十月怀胎时期完全依赖母体提供的营养而生长；出生后必须吸收外界食物来完成人的生长过程，经历婴儿期、儿童期、少年期、青春期、中年期，直至走向代谢衰退的老年时期。

老，指生命不可逆的发展趋势，衰老就是本能能力不断减弱的过程。本能的衰退就是老的表征。具体表现为身体各机能的衰退（如性功能的衰退），身体各部位的明显变化（黑发变白发、皮肤疏松起皱纹、老人斑等等）。当然，人类在不断变老的过程中，也经历着对知识的积累、运用、传承的过程，同时运用知识的能力不断增强。

病，指身体机能及构造的异常状态。病因往往来自两方面，其一，自身新陈代谢的动态平衡被打破，常常表现为生理机理失调或器质性异变；其二，外力对身体的伤害，包括外来力量对身体部位的直接冲击和异物侵入身体内部（如，小孩把玩物塞进气管、食道等），常见的细菌、病毒感染同属此种情形。由于人是有思想的生物，精神生活越来越成为日常生活的重要内容并且是人类文明进步的重要标志。随着现实生活的压力日益增大，精神性疾病越来越多见，精神病既来自于身体机能及构造的异常，也来自精神活动状态的紊乱，倘若要解决精神病患者的问题，首先要认清正常情况下人的精神活动或意识活动的规律。

死，指生命的结束，生命个体新陈代谢的终止。随着科学技术的进步，对死亡的简单判断亦有过一些变化，如呼吸停止、心跳停止、瞳孔放大、脑细胞死亡等，长时间以来作为死亡的重要参考指标。古今中外，关于死的话题的讨论就一直没有停止过。渗透到不同民族的文化、宗教、哲学甚至政治立场上来，成为人们精神生活不可回避的话题，人们对死亡注入了许许多多说不完的重大意义，或重于泰山，或轻于鸿毛。

总之，本能发展的单向性通过生、老、病、死，淋漓尽致地具体地展现在我们的面前。单向性作为本能特性之一，引发了我们对生命的种种思考和认知，这样的认知将成为本能意识的重要内容之一。

本能惯性与生活习惯

我们先说生活习惯，对于大部分人来说，一日三餐进食的时间或者每天入夜上床睡觉的时间，基本保持恒定；春节、中秋节、端午节等中国人的节日，千百年来通过文化的形式被固定下来；从身后传来熟悉的声音和语调，令你很快判别此人会是谁。北方人一直以面食为主，偶然到了南方过上只有米食的生活，这段日子在吃食上总会有点儿不畅。本能惯性的作用影响到生活的方方面面，形成身边随处可见的各式生活习惯，具体表现在行为、语言甚至思维习惯上，等等。

惯性是物理学的一个重要概念或定律，所有运动着的物体都有惯性，而且，质量越大惯性越大。虽然，本能的结构及生理机理从属于物质运动规律，但本能的惯性不是来自于重力，而是与建立神经反射的稳固度密不可分。

既然本能是所有生命的基础，一切的生命现象都必须通过本能来体现，所以本能惯性就一定遵循生理机理的活动规律。为了更好地理解巴甫洛夫的神经反射理论，我们不妨引用一个喂狗的实验例子：正常情况下，为了消化食物，当狗要进食时，胃液会明显增多，如果在每餐喂狗前，都摇起响铃，久而久之，狗把响铃当成了进食的信号（条件），实验证明，进食前只要响起铃声就会让狗的胃液明显地增多。巴甫洛夫认为：铃声作为要进食的条件，经多次重复，让狗一听到铃声，胃粘膜就分泌大量胃液，这样的反应，是在神经系统的参与下，铃声与胃壁分泌胃液的细胞建立起神经反射的结果。由于铃声成为引发胃液分泌的条件，所以称这类反射为条件反射。比如，经读、看、写、听的多次重复学会了一门新的语言，经重复训练取得某项体育赛事的好成绩等等，都是建立神经条件反射的例子。巴甫洛夫条件反射的实验清楚地告诉我们：在每一个人的成长历程里都必然建立起许许多多各式各样的条件反射。有些条件反射长期存在甚至伴随终身，如你掌握的语言或操持的一门技艺；有些条件反射短期存在甚至随着新条件反射的建立而消失，如口吃等。无论是长期存在抑或短期存在的条件反射都形成每一个人的生活能力，表现出丰富多彩的生活习惯。我们把身体构造和生理机理所表现的这种能力称为本能惯性。

如果认知心理学把条件反射的形成称之为学习，那么本能惯性就是一切学习的物质基础。然而，从本能衍生出来的自我必须通过后天的学习而形成并不断发展壮大。因此，本能惯性就成为推动自我形成并发展壮大的重要力量。关于自我会在今后详细论述。

本能惯性是本能特性的其中之一，如果没有本能惯性，那么一个人的生活习惯就无法形成、消除或改变。倘若把生活习惯放到族群中去观察，生活习惯的总和构成了具有特色的族群文化，而多姿多彩的种种生活习惯，恰成了各族群一张张文化名片。

本能感性与情感生活

本能感性指本能对自然万物的感觉能力。感觉必须依赖完整的感受器和健全的生理机理来完成，感觉属于本能范畴。那么，人们又有哪些感觉能力呢？人的感受器种类繁多，在生活中常见的感觉有：视觉、听觉、嗅觉、味觉、位觉、平衡觉、痛觉、触觉、温度觉、内脏感受等。对事物的最初认知总是从视觉、听觉、温度觉等的具体感受中开始的。

视器（眼睛）是人体上最强大的感觉器官，从解剖学、生理学专业角度看，视觉与身体上其他的感觉联系最为广泛，实验证明，大脑皮层视觉区与其他感觉、运动区域的神经元联系十分密切。比如，当你面对面与别人说话的时候，总是自觉地用眼睛注视其嘴形、脸部表情以及身体语言的变化，从而尽可能完整地理解语言的含义；当你迈开大腿奔跑的时候，视觉必须与位置觉和平衡觉一道作细致的配合，从而保证每一步都能脚踏实地；眼睛不仅感受光线、白天与黑夜，还可以感受五光十色、感受事物的形态、物体的运动及距离。眼睛亦是情感表达的重要器官之一。关于各种感觉器官的构造及机理在“感觉”章节中已有陈述，需要强调的是，在现实生活当中，人们对事物的感觉都不只是单一的感觉，而往往是多种感觉器官同时参与并形成多维的感受，也就是常说的情境。

然而，感情既不是一个器官也不是一种生理机理。感情是感觉被认知后的思想，虽然没有感觉就难以营造感情，但感情的变化却是可以不受感受器官及其生理机理的束缚，全然依照意识活动规律运行。所谓对某人的感情深浅，只不过是对身边不同的人有着不同的感受，所有的感受全部来自你们之间的交往，交往当中每一个情境的感受再加上对这些感受的进一步认知从而形成你对某人或事物一个完整的思想。故此，感情不是先天固有的，它完全是对人和事物认知后的思想。

在日常生活里，感情又如何被感知呢？正常情况下，你会遇到如下几种交往：与父母、兄弟姐妹、情人、夫妻、同学、同事等。当你回顾这些交往的情境时，不同的对象所采取的态度以及互动中的行为选择一定有天壤之别。与其说感情是通过对他人的态度和选择被感知的，不如说感情是通过对人或事物的态度和行为上的选择来具体体现的。本能感性是人们情感生活的物质基础，没有本能感性就没有感觉和营造感情的能力，情感生活不复存在。从文化角度看，情感彰显一个人的品格，传递着真、善、美的追求，情感是精神生活的重要组成部分，情感生活的每一个细节都必须通过意识、概念的活动来完成。

本能唯乐性及其原则

本能就是生命体的原本能力，本能能力必须依靠新陈代谢（包括物质代谢和能量代谢）来维系，具体表现为机体不断摄入所需的营养物质并排泄废物。从人的完整机体到各大系统、器官、组织甚至每个细胞都遵循着新陈代谢的法则，只有这样生命才得以延续。也就是说，无论是物质的摄入抑或排泄都是机体维持生命的基本需要，有需要就必须要有满足，只要生命能得以维持，这样的满足就必然是持久的。不同的“需要”得到的满足一直给本能带来快乐或愉悦，而本能对快乐或愉悦的追求伴随着人的一生，我们把本能的这种特性称为本能唯乐性。

本能能力的实现称为本能释放。人要进食必须消化，本能能力通过消化系统来完成；消化后的残渣或毒素必须排泄，肛门排出粪便；喝水了就必须通过肾脏排出尿液；吸进氧气就必须通过肺排出二氧化碳；人要繁衍就离不开性，包括性行为、受精卵植入子宫、十月怀胎最后通过产道分娩等，此时本能的实现必须通过生殖系统来完成。众多的本能释放方式不可能全部列举，综上所述不难看到，本能的每一次释放都给机体或器官带来满足。

倘若出现便秘、尿毒或分娩不畅等异常情况下，人理所当然地不舒服、不快乐。显而易见，这些不舒服甚至痛苦的病征都是本能能力不能实现的结果。恰恰这些不畅或痛苦，告诉机体本能释放不在正常状态下，甚至通过某些病征（如发烧、呼吸、心跳加速等）来对抗，试图恢复机体本能的能力，从痛苦里摆脱出来。像正常的本能释放一样，此时同样是本能唯乐性的表现，痛苦与愉悦是本能唯乐性的两个方面，是一对矛盾。或者说，本能唯乐性一直伴随着每一个人的健康成长，因为生命的延续必须确保本能的需要或者说本能释放的状态下才得以进行，所以本能唯乐性自始至终贯穿生命的全过程。

人是感知性动物，除了对自身的认知外，还带着自身去认知自然万物。本能唯乐性一旦被认知，唯乐性就毫无保留地成为本能活动的基本原则并贯彻始终。也就是说，本能活动必须获得本能需要上的满足。比如，进食时味觉首先得到满足，继而胃肠有了吃饱的愉悦；正常情况下，性爱给男女双方总能带来愉悦，正因为如此，人类的繁衍从来没有中断过。

唯乐性是生命机体生存需要带来并且具有普遍意义的本能特性。作为基本原则，唯乐性不但自始至终贯彻于所有的本能活动，还成为自我成长和欲望实现的“检查官”。检查在自我成长和欲望实现的过程中是否给本能唯乐形成障碍。当然，自我成长和欲望实现的过程中所出现的道德、伦理、法律、文化及宗教等都将成为本能唯乐的抑制因子。也可以说，随着人类朝着文明社会发展，本能的唯乐性必须受制于社会因素。试想一下，如果人们在觅食、性要求、身体锻炼等一切能给本能带来愉悦的事情上没有社会因素的约束，那么本能唯乐性将无限放大，现代社会秩序将无法建立。

本能唯乐性与自我唯实性（将另外详细讨论）的相互作用形成一对完整的矛盾体，正是这样一对矛盾体造就出生活的每一个细节，构成每个人生活的全部内容。换言之，我们的生活完全是围绕着“唯乐”与“唯实”的需要而被构建起来。唯乐性是本能的特性之一和本能活动的基本原则；唯实性是自我的特性之一和自我活动的基本原则；唯乐性与唯实性彻底地成为精神活动的基本原则。

第二节　自我及其特性

自我是从本能衍生而来，通过后天逐步形成的个体能力，是本能存在于自然环境和社会环境的总代表。自我相对于本能是外在的，对于人来说，自我带有明显的社会性，即人与人、人与自然的关系。自我的具体内容被认知后形成自我意识，并构成意识活动的最基本意识之一。

综观生物界不难发现，生物从低级到高级的进化过程中也伴随着自我能力的进步，人类自我能力的发展和壮大更是成为人类改造自然的主要力量。那么，个人自我能力的发展、壮大是如何构建的呢？

每个人的一生都为自己编写了一部生活史。正常情况下，身体（本能）经历着成长、成熟、衰老、死亡，这是比较容易被察觉到的，然而，自我伴随生命过程而成长、壮大，则往往不因身体的衰老而随之能力减弱。每个人来到世界上，从出生之日起到生命的终了，每时每刻面临生存与发展的考验，必须不断地争取生存与发展的资源，这是一个人自我成长、壮大的必然过程。同时，自我能力具体表现为：社会地位、荣誉、权力、拥有的财富或所支配的资源、知识结构及所掌握的知识量，这一切都是一个人由后天获得的东西。

A 先生是出生于 20 世纪 60 年代的一位广州人，他曾经为自己能生长在一个普通工人家庭而感到光荣，当时亦是全国经济困难时期。由于当时没有“计划生育”的限制，他有六兄弟姐妹，在家中他排行第五，7 岁入读小学一年级，从此建立起师生关系、同学关系。他阳光、诚实、聪明，从初中到高中的各科目综合成绩一直处于全班前三名，同学和老师都特喜欢他。1977 年是恢复高考的第一年，又是“上山下乡”的最后一年，这一年他高中毕业，原已准备参加高考，机缘巧合下他下乡去做了“知青”，接受贫下中农再教育。1980 年他终于考取广州某医学院，由于学习刻苦、成绩好、上进心强，得到学校的重点培养，毕业后留校，成为一名深受学生欢迎的人民教师。随着改革开放经济大潮的推动，他来到省属的一家国有大型进出口集团公司从事外贸工作，5 年后选择辞职“下海”，创立自己的企业。

以上只不过是一个普通人的真实例子，每个人都有自己的成长史和生活史，从中不难观察自我能力成长及变化的过程，通过对个人成长轨迹和生活史的剖析，更好地了解自我能力如何获得并施展，并且怎样作用于自然和社会。

本能与自我都是个人能力的组成部分，个人能力是依靠本能能力和自我能力来具体实现的。自我具备以下特性：

第一，自我具有后天性。上述例子中，一个出生普通工人家庭的孩子，从一名学生转而成为一名上山下乡的知青，再到大学的一名人民教师，直至后来成为一名企业家。每次角色的转换和身份的改变都离不开自我能力的建立和支撑，同时伴随着学识、荣誉、社会地位、权力、财富等指标的变化。这些能力并不是与生俱来或从天上掉下来的，而是在生命的成长过程中，从本能能力衍生并且通过不断学习、锻炼得来的。

众所周知，呼吸、消化、生殖、排泄、运动等本能是人先天带来的，正是从这些原本的能力（感觉、动作、语言等）出发，随着一个人的不断成长和成熟，从家庭和学校走进社会，积累的知识、掌握的技能越来越多，人脉越来越广，社会关系不断加深与扩大，自我能力不断加强，这一切从本能衍生出来的自我能力表现无遗。本能能力是先天带来的，自我能力只有在后天习得。我们把这种后天习得的特性称为自我的后天性。

第二，自我具有可塑性。自我的后天能力随着人的不断成长和成熟而不断增强，不同的人因其家庭背景、所受教育、掌握的知识和技能不同，从而取得的社会地位和财富以及所带来的影响力也就大不相同，说明人的自我能力是可以培养塑造的。上述例子中，A 先生从知青、教师、外贸经理、企业家的每一次变化，便是人格可塑造的例证。我们把这种自我能力的可变特性称之为自我的可塑性。

第三，自我具有社会性。将每个人的自我放置于全社会中去看，人与人的关系就是一个自我与另一个自我的关系，自我的个性只有在社会活动中才能体现，同时作用于社会。A 先生在 70 年代响应祖国号召接受贫下中农再教育，成为上山下乡的知识青年；80 年代受到“科学的春天”时代氛围感染，他争当一名教师；90 年代他又积极投身到创业的时代洪流中，成为一名企业家。这一系列社会角色的变化，对于个人来说，无疑是自我在特定的社会环境中互相作用的必然。我们把自我能力作用于社会并被社会反作用的特性称之为自我的社会性。

第四，自我具有理性。除了身体力行，自我要作用于社会，还必须通过经验来完成，正常情况下，经验告诉你一切的社会活动都必须受到法律、道德伦理、宗教、文化以及社会政治制度的约束。此时，你的言语或行为所表现的就是理性。相对于本能的感性来看，我们把自我能力的这种特性称之为自我的理性。

第五，自我具有唯实性。要实现本能需要的满足，必须给本能带来愉悦；然而，要实现自我需要的满足，就必需给自我带来实惠。自我要作用于自然和社会，就必然产生一定的结果，在现实生活中，这些结果具体体现为一个人所能支配的资源或财富；所拥有的知识或所受的教育；所处的社会地位或人际关系；所赢得的荣誉；所掌控的权力。从知青到教师再到企业家这样一种连续不断的追求，正是A先生为了改变生活状态，处处唯实的过程。我们把通过自我能力所能获得的实际满足，这样一种特性称之为自我的唯实性。

我们坚信，要解开精神活动之谜，对本能、自我及其特性的讨论是十分必要的，因为这些讨论都是意识、概念活动的基础内容。

自我的后天性及其差异

本能的先天性已经被现代科学发现的遗传基因所证实，而自我的后天性无疑受到自然环境和社会环境的直接影响。中国人常说的"行万里路，读万卷书"，可以概括说明一个人的成长有两种基本方法："行万里路"是每个人身体力行获得直接经验的必由之路，"读万卷书"则是吸收前人经验即间接经验的最好方法。也就是说，一个人自我能力在后天形成，全然取决于所获得的直接经验和间接经验。由于每个人所处的环境和经历不同，所获得的自我能力必然存在极大差异。因此，个体的差异完全由本能的先天性和自我的后天性决定的。

自我的后天能力是怎样形成并如何体现呢？举个简单例子，中国人几乎每天都要拿起筷子，因为是中国人世代相传的一种进食习惯，但对于一个儿童或从来没有接触过筷子的外国人来说，要立刻把握住筷子继而进食就不是轻而易举的事了，必须在眼和手以及感觉器官的配合下，连续性地建立起条件反射方能完成。实际上，我们每一个人对每一个事物的把握，都是建立在多种多样的条件反射基础上，能力的大小往往体现于对事物的把握和运用程度。再比如，运动员必须经过长时间的训练，才能做出高难度动作；机械工人必须熟悉和训练操作事项，才能熟练操作复杂机器，所有的技能培养无不体现在对事物把握的能力上。

自我能力差异又是怎样一回事并如何体现呢？不可否认，个体之间在把握事物能力的程度、种类、数量上客观地存在差异。在学校里，同一班级几十个学生学习相同的某一门课程，通过期末考试，学习能力程度上的差异就被成绩客观地区分开来；从未接触过筷子的外国人使用筷子吃饭一定是显得笨拙，而使用刀叉作为进食餐具却是非常娴熟，这说明每个人在各自所能把握的事物种类及数量上存在极大差异。反过来看，不被把握的事物种类及数量在每个人身上亦存在极大差异，随着社会劳动分工不断细化和专业化，个人后天能力的差异越来越表现出“隔行如隔山”的状况。

自我后天性即后天习得的能力在更高的层面上存在差异，那就是把握事物的能力建立后对其运用的能力上的差异。相对于普通人而言，自我后天性的特点，在教育家、科学家、政治家、企业家等身上表现得尤其明显。

本能先天性是指本能的能力由先天带来；自我后天性是指自我能力由后天习得。本能能力和自我能力构成个体的整体能力，而整体能力的差异就表现为个性。如果一切只是先天注定，那么我们无法知道推动人类历史前进的动力是什么，更不会看到如今人类文明之花竞开争艳的多样性。

自我的可塑性及其进步

可塑性原本是物质尤其固态金属的特性，比如，钢筋即铁金属就可通过一定的力量塑造成不同的形态，常见有线形、板形、管状、及各种模具冲压的形态等。然而，自我作为一种能力其可塑性又如何得以体现呢？虽然自我能力由后天习得，但就个体而言，自我能力却存在着极大差异。人们都有把握事物的能力，而这种能力的差异主要表现在把握了不同事物的种类和数量上以及这种能力的运用上。在不同的成长时期，自我能力可以选择性地把握不同事物的种类和数量，通常人们把这一过程称之为学习。可见，自我能力可以通过学习而改变，这样一种自我能力的可变特性就是自我的可塑性。

自我能力可以通过学习而改变，这样一种自我可塑性在生活中随处可见。掌握汽车的驾驶可通过学习而获得，要操作一台电脑继而运用其强大的功能并在软件上得到创新和应用同样离不开学习。也就是说，每一次的学习都能让自我能力得以改变或提高，自我可塑性一次次地得以体现，个人能力不断进步同时，自我个性得以形成并充分显现。自我个性与本能个性构成一个人完整的个性。

自我的可塑性让知识改变命运成为一种可能。教育体制、教育模式、教育内容对于人才产出有着直接而且深远的影响，教育兴邦，利国利民，促进社会进步，这是大家都认同的。今天的中国普遍实行九年义务教育，加上三年高中和四年大学本科，一个人从 7 岁读小学到大学毕业需要在校学习 16 年毕业后才能顺利走入社会，23 岁独立谋生，为了不输在人生的起跑线上，家长们不得不强化学前教育，从幼儿园、小学起为孩子安排各式各样的补习班，初、高中升学关键时刻更是不惜重本，花费巨资择校。一些孩子由于考不上高中，只能读完初中，要么16岁出来社会谋生，要么再读三年技术学校后投身社会。升学意味着人生一个重要转折点。当然，并不是只有进入大学甚至重点大学的孩子才有前途，事实上，一个人无论从事什么样的职业，学识是一个人终生需要学习、积累并具备的自我能力。

大家也注意到了中国广大农村教育资源贫乏，加上务农人员长期大量地涌入中心城市打工，留守老人和儿童成了中国农村普遍现象，城乡教育资源贫富悬殊的状况还可能存在相当长的一段时期，知识改变命运对于农村家庭的孩子来说更为突出。

既然自我可塑性的作用可以改变人的一生，自我能力可通过后天习得而不断进步。自我可塑性作用可在两方面得以体现：一方面自我能力的变化直接受自然环境和社会环境的影响；另一方面自我能力的改变可通过自身的主动选择有目的地完成。无论是个人、族群、社会，要取得长足的发展和进步，与自我可塑性的作用密不开分。

自我的社会性及贡献

无论个人的自我能力或大或小，都会作用于社会，社会亦反作用于个体，从而显现出你活在当下的位置或状态。

人类社会的主体是人，对于个人而言，社会似乎是固有的，因为你一开始就生活在现存的社会政治、经济、文化、科技、法规的环境当中。然而，在人类发展进程中，社会政治、经济、文化、科技、法规恰恰是表达文明程度的重要标志，是人类智慧的最高表达形式。其实，社会不是固有的，是在人类生存与发展的斗争中不断发展着，并且在相当长的时间里经受来自于自然或人类自身种种灾患的考验。综观人类上下五千年的文明发展史，不难发现，人与人之间自我能力的相互作用正是社会形成和发展的根本原因，是社会发展变化的原动力，是自我的社会性的作用所带来的必然结果。而社会对自我的反作用，往往就是个体生存与发展状况的综合反映。因此，社会政治文明、经济文明、文化文明是个人自我能力存在的必不可少的外部环境。

倘若对人类现代文明的进程持肯定态度的话，每一个人的自我能力作用于社会，其力量不容忽视，所以，个人的自我能力作用于社会，就等同于个人对社会进步的贡献。从正面看，你对社会的贡献越大其反作用越大，促进了社会进步的同时，自我能力同步得到成长、壮大，并被社会所认同。

一个从下乡的知识青年到学校教师再到企业家的成长历程，同样可以看做是不同成长阶段个人的自我能力作用社会，社会反作用于个人所表现出的结果，是个体的自我能力在社会的生存发展中得到一次又一次肯定的具体体现。虽然，自我与社会的相互作用的结果在公共利益面前有“利”与“害”，但总体来说，每个人自我能力的相互作用对于社会是有贡献的。早在公元1776年，苏格兰经济学家、哲学家、“现代经济之父”亚当·斯密在其出版的《国富论》中便有这样的陈述：“他追求的只是个人的所得，而在这一点上他就像在许多其他场合一样，总是被一只看不见的手牵引着去促进一个他全然无意追求的目的。而且也并不因为他没有任何这种意图，就对社会更加不好。他在追求个人的利益时，时常比他真心实意地促进社会利益还更加有效地促进了社会的利益”（《国富论》，新世界出版社2007年版）。亚当·斯密这番话在经济学家的眼里，正是“一只看不见的手”建造起资本主义经济学的基础，那么“追求个人利益……有效地促进了社会的利益”何尝不是自我能力作用于社会，并对社会做出贡献的最好例证。随着社会文明程度的不断深入，自我的社会性作用对社会所做的贡献将一如既往地成为人类社会进步的最根本力量。

自我这样一个概念不仅仅适用于个人，从广义上看，同样适用于一个族群、企业、政党、民族、国家，通过图腾、品牌商标、党徽、文化艺术、国旗国歌、经济实力排名、国际地位等表达自我。中国40年的改革开放取得举世瞩目的经济成就，完全是中华民族自强不息、不畏艰险，人民追求幸福的结果，在打造世界工厂的同时，对世界经济做出了不可估量的贡献，中国人在世界上的地位和形象较40年前发生了极大的改变。

自我的理性与经验

自我的理性相对于本能的感性而言，感性是理性的基础；理性是对感性的理解。回顾一个人的生活，不难发现，随着个人生活经验的不断丰富，理性在不断增强。另外，理性指导着人的语言或行为，创造出一个又一个人生经验。那么，经验为何物？经验就是你所有的生活经历，是你所有知识的总和。从知识获得的途径而言，包括直接经验（行万里路）和间接经验（读万卷书）；从知识的内容而言，包括自然科学知识和人文科学知识。简言之，经验就是知识。理性是建立在知识之上的，没有知识的支撑，所有的理性都苍白无力。理性是自我能力的重要特性，其后天习得并不断发展壮大。并成为推动人类文明进步的重要力量。

平常我们在生活当中总会发生一些人与人之间的小摩擦，有些人容易冲动，有些人比较冷静，我们通常把控制情绪能力强者称之为“理性”。事实上，这仅仅是狭义的理解，理性是认识并运用事物客观规律或真相的个人能力。理性是智慧之母，智慧是理性的极致。自我的理性能力的大小差异，往往成为区分个体能力差异的重要指标。

回望人类的文明成果，无一不是人们的理性使然，智慧结晶。不论世界经历了多少种不同性质的社会形态，人们日常生活的衣、食、住、行，构成人类社会的政治、经济、文化、教育、科学技术等，全然在理性的支配下完成并日臻丰富。这一切都具体表现为：国家机器、经济组织、货币、宗教、风俗、教科书、宇宙飞船、智能机器人等。所有理性的产物都是人"创造"的，这些一个个的"创造"标志着人类文明进程的每一步。此外，人类理性带来的战争、毒品、奴隶买卖、贪污、破坏环境、疾病传播、制度缺失、民族仇恨等，也都时时刻刻考验着人类的智慧。

自我的唯实与本能的唯乐

自我是人与自然、人与人关系的表达，而这种表达不得不通过现实的物性来充分体现。对于个人而言，自我能力的大小存在差异，具体通过其支配的资源或财富、拥有的学识或世界观、营造的人际关系或自身的社会地位等作用于社会，影响身边的人、事、物，从而表露自己的自我能力，其支配的这一切在现实社会里都转变成物质的实在。"唯实"性既是自我能力的重要特性，又是自我塑造、成长的必由之路。其实，自我的"唯实"性是相对于本能的"唯乐"性而言的。在人的一生中，本能与自我，"唯乐"与"唯实"的矛盾时刻影响或作用于你的思维、选择、行动。人之所以为人，因为人是本能与自我、"唯乐"与"唯实"的矛盾综合体。

人的身体是一个完整的新陈代谢运行系统，每时每刻都必须呼吸，每天进食，必须排泄，必须用一生中三分之一左右的时间睡眠，通过性行为完成后代繁衍，感受器和大脑获得感知继而指导你的工作或生活等，这一切都只有依靠身体及各系统器官（即本能）来完成。我们把这过程称之为本能的释放。无论是初生儿从妈妈那里摄取第一口乳汁，还是一个人每天呼吸、排泄的通畅，都会给人带来无比的愉悦。本能千百次的释放伴随的愉悦，成了本能满足的必然，本能的“唯乐”性表露无遗。尽管本能的表现多种多样，但它们有一个共同的目标，就是满足。甚至人精神崩溃后成了精神病人，他所有的症候也都是为了获得满足。本能能力的释放在生存面前是至高无上的，但在社会的现实生活里，它必须受自我的约束。如果说本能是自我的“检察官”，那么自我则是本能的“抑制因子”，本能和自我体现的是一种辩证关系。

随着人类文明的不断深入，自我能力越来越成为个人能力的重要组成部分，人类之所以离动物越来越远，因为动物仍然主要依赖本能能力而生存，而人类自我能力的发展与进步，成为顺应自然，改造自然、推进社会文明进程的重要力量。站在人类历史的角度看，人类的自我能力构建起人类的社会文明，站在个体角度看，社会文明成为了自我能力成长、发展的必要条件。社会文明与自我能力互为因果地作用，企图推动人类远离动物走近上帝。尽管如此，自我注定摆脱不了来自本能的束缚，本能注定摆脱不了来自自我的抑制。所以，自我及其“唯实”性与本能及其“唯乐”性，必然矛盾。而这一对矛盾伴随着每个人的一生，指导着人们的思想和行为。“人无论尊卑，不分贵贱，皆适用那些对正常与病态一视同仁的行为法则。”（弗洛伊德，引自《达·芬奇的童年回忆》）

第三节 欲望及其特性

欲望是普遍存在的生命现象，是生命力量的重要表征。具体表现为：思想的原动力、行为的驱动力。理想、梦想、希望、目标、需要、选择等从属于欲望范畴。从内容上看，欲望包括本能需要和自我需要。换言之，欲望的内容由本能需要和自我需要组成。

当你口渴的时候，想喝水，要喝上水就必需动手把水杯拿起来送到嘴边，从而达到喝水的目的。从口渴的感觉到思想上的需求，再到驱使手的动作，来完成喝水的全过程。

当你学习外语的时候，规定自己一天读几遍短文，背多少个单词，都需要眼睛、上下颌及其肌肉的密切配合，然后发出读音。

当你的性行为得到满足，并有了自己的亲骨肉的时候，回首往事，有众多思想被萌发，数不清的行为被驱使。这一切的思想和行为都源发于欲望，而欲望尽情地通过思想和行为来表达其丰富的内容。

看似简单的“口渴想喝水”的例子，如何解读对欲望的认识呢？口渴是一种感觉，来自于本能的需要，想喝水就是这个欲望的原动力，用手去拿起杯，这个行为就完全依靠这欲望来驱动了，至于用什么样的杯来喝水，木杯、瓷杯还是金杯？这一连串想法的产生都是思想上的，并没有付之于行动，这时候欲望作为思想的原动力推动了这一连串关于木杯、瓷杯还是金杯的产生。在现实生活里，用杯的选择当然受你所处的环境或者与什么人一起共饮有直接的关系，可能你在家里、餐厅里、宴会里。这时候，这一系列用杯的选择都来自于自我的需要，必须要与当事人的形象及环境相匹配。所以，综观所有的欲望，欲望既是思想的原动力又是行为的驱动力，欲望所表达的除了本能需要就是自我需要或两者兼之。当你用这样的认识来观察和分析发生在生活中的思想、语言、行为的时候，你所认知的事物才会最接近其真相，读者尽管可以用自己的生活实践去检验。

直至今天，我们对欲望的解读仍停留在文化意义上，对欲望本身认知的不公或误解，最终是对我们自己思想、语言、行为的误解或扭曲。因此，对欲望要有科学而正确的认识，从生命角度研究欲望是十分有必要的。

欲望的特性

欲望的特性就是满足。新生儿从吸吮的第一口乳汁开始，就获得最为甜美、愉悦的表情，这种欲望的满足将一次又一次地获得，尽管哭啼声不断，但这种满足仍然轻而易举地获得，无论尊卑，不分贵贱，正常情况下，儿童的成长总能在这种欲望的满足中度过。然而，人的一生有无数的欲望，却不可能获得所有欲望的满足，尽管追求欲望的满足自始至终伴随着人的一生。

欲望不能满足或达成，便有了欲望满足（成功）率。所谓欲望满足率就是欲望获得实现或满足的百分率。

欲望满足率 = （欲望成功数/欲望总数） ×100%

未达成的欲望由于程度上的不同，可以有不一样的表征，比如焦急、暴躁，甚至出现焦虑症、抑郁症、精神分裂等。在长期的临床实践中，弗洛伊德把焦虑、抑郁、精神分裂等的症状视为欲望满足的“替代物”。也就是说，欲望一旦形成，必需得到满足，这种满足往往表现为除了“愉悦”就是“替代物”至此，欲望的特性显而易见，即欲望的满足性。

欲望的满足性作用于人的一生，完全彻底地落实于人生目标的追求上。欲望的达成或不能达成，获得愉悦或出现精神病症候，全都是欲望的满足性在正反两个方面的真实表达。从思想上形成的需要，到付之于行动，欲望总是通过一个想法接着一个想法；一句话接着另一句话；一次行动接着另一次行动来一一实现，构成人生追求的轨迹。换言之，人生轨迹由欲望的成功和失败两条曲线编织而成，它们的函数关系可以用欲望满足率或欲望成功率来表达。欲望满足率是一个人生活质素的重要指标，它直接影响着我们的情绪和生活的态度。一个成年人在欲望的驱使下，连续一百次拿起水杯，相信要获得百分之百的成功，可以说轻而易举，然而，对于一个婴儿或上肢有障碍的病人来说就很难做到百分之百的成功。其实，在日常生活里每个人都要面临诸如家庭、工作、感情、学习等形形色色的选择，一切的选择都是欲望驱使的，但每一个欲望不一定都能得到满足或成功，“心想事成”总是一厢情愿，欲望满足率或欲望成功率才是客观存在。欲望成功率应用范围甚广，如，病人康复、儿童成长、工作表现、情绪变化甚至探讨人的思想和行为等等，通过测试后对其结果的分析，对了解自身或他人的精神状态具有重要意义。

欲望的内容

人的欲望尽管繁多复杂，欲望的内容直指本能需要和自我需要。只要口渴，就想喝水，要达到喝水的目的，就必须动手拿起水杯，完成喝水的动作，最终实现喝水的目的。思想上要喝水，手要动起来，都是欲望驱使，可见，欲望就是目的，虽然“目的”要大脑和手来配合完成，此时的“目的”背后就是欲望的内容，即解渴，为的是满足身体机能（补充水分）的需要，这种需要是满足本能的需要。只要有尿意，就会行动起来找到适合的地方完成（或满足）上厕所的生理需要，这种需要同样是一种本能需要。假如，喝水、上厕所这两种需要不是发生在大山里，而是发生在星级酒店的宴会上，你肯定不会赤手拿水喝或随地大小便，喝水要用好杯子，上厕所要求干净甚至奢华，对社会化的人来说，以上欲望是满足自我的需要。当然，为了更好理解欲望的内容，把本能需要和自我需要分别讨论是有必要的，其实，在现实生活里，每一个欲望都包含本能需要和自我需要。

人的欲望既是思想的原动力，又是行为的驱动力。综观人类的历史长河，无论个人的生活琐碎之事，抑或是社会民生的大事，都由思想、言语、行为所构成，而思想、言语、行为无一不受欲望的驱使下完成的，所生成的或被完成的一切欲望最终都是为本能的生存和自我的发展而服务。今天，人类仍然一如既往地行走在生存和发展的道路上，面对大自然和不同形态的社会，每个人都必须依靠自身的本能和自我的能力，参与生存和发展的斗争。无数的事实告诉我们，欲望所包含或表达的除了来自于本能的需要就是来自于自我的需要。反之，在欲望里找不到第三种的需要。因此，欲望的内容就是本能需要和自我需要。

第四节　欲望和本能、自我的关系

本能的需要是怎样的一种需要？当然是你身体上的需要，包括身体的细胞组织、器官、功能系统和生理机理的需要。比如，肺要呼吸，呼出二氧化碳，吸入氧气；胃肠要消化食物和排泄；喝了水要通过肾过滤血液中的有害物质以尿液的形式排出；生殖系统要繁衍后代；神经系统要参与生理机理的调节，要感知自然、形成思维；等等。本能的需要数不胜数。假若，设本能需要为D，那么每一个本能需要可以用D1、D2、D3……来表示。

自我的需要又是怎样的一种需要？自我是你本人的总代表，它作用于自然和社会，自我的需要当然是体现自我能力的需要，即获得社会资源的需要，包括你所拥有的知识（结构和数量）、所掌控的权力与财富、现实的人际关系或社会地位、荣誉等等。自我的需要数不胜数。假若，设自我需要为S，那么，每一个自我需要可以用S1、S2、S3……来表示。

既然欲望的内容就是本能需要和自我需要的表达，又假若，设欲望为I，那么，欲望是否可以简单地用以下数学式表示："I = D（D1 + D2 + D3……） + S（S1 + S2 + S3……）"，即"欲望 = 本能 + 自我"呢？回答是否定的。或者说，欲望等于本能与自我之和，是错误的。以上等式与欲望存在于现实生活的状况不相符。例如，肚子饿要进食，这样一个普通不过的本能欲望就可以萌生无数的欲望，包括平日习惯进食米类还是麦类或其他，配什么品种的菜式，饮食的分量等等，均来自于本能需要即 D1、D2、D3 等众多的欲望。另外，与什么人一起进食，是商务宴请还是婚礼，又要选择怎样的进食环境，一连串来自于自我需要的欲望即 S1、S2、S3 等等。不难想象，每一个 D 都可萌生一连串的 D 和一连串的 S，反过来，每一个 S 同样可以萌生一连串的 S 和一连串的 D。也就是说每一个 D 或 S 都不仅仅是一对一的因果关系，而是每每的互为因果关系。很明显，欲望与本能和自我的关系表达式是：

欲望 = 本能 × 自我

$$I = D \times S$$

综上分析，欲望与本能、自我的关系不是简单的本能与自我相加的关系，而是相乘的关系。欲望的内容包括来自于本能的需要和自我的需要。因此，欲望在本能需要和自我需要的作用下，可以迅速而大量地膨胀，欲望是所有思想、语言、行为的动力。

关于欲望和本能、自我的关系，我们在《精神概论》一书中展开过比较深入的讨论和量化分析，并且提出了“欲望值”概念和欲望值的数学表达式：

欲望值 = 欲望指数 ×（1 - 欲望满足率）

通过求取本能指数、自我指数、欲望指数，获得欲望值，并与欲望指数作比较，判断一个人的精神状态。同时，透过欲望满足率的得分情况，可获知不同的人不同的本能欲望和自我欲望的得分比，从而显示其个性。

正如我们在《精神概论》中指出的：本能、自我、欲望是人类精神生活的出发点，没有本能、自我和欲望，一切的精神生活都是空洞的，本能、自我和欲望构成精神生活的基本要素，不妨简称为精神三要素。精神三要素是客观存在，一旦被认知，形成本能意识、自我意识、欲望意识。

第四章

意 识

从生命科学的角度出发：先有感觉，感觉被认知，继而产生意识；意识是组成概念的最原始单位，进而在众多意识中形成范围并被再认知，从而形成概念；有了众多的概念才有可能产生复杂的思维，思维的结果形成思想。意识是认知的第一个成果。

意识的定义和意识的重要特性。

意识内容的数学表达式为：$C = fn \times N \times M$。

第三章论述了认知活动的三大原理之连续性选择原理，本章论述知识递进原理、互为因果原理。

第一节 意识是什么

先祖通过意识留给人们最具考古挖掘、能保持光芒、一直埋藏在每个人心田的最宝贵的文物，它一如既往地记录着人类的过去、现在与将来。

意识是什么？至今仍然找不到最接近真相并且得到多数人认同的科学定义。然而，意识却一直客观地存在于生命活动的全过程，特别是人类活动，没有意识将寸步难行，一事无成。从现实角度看，意识这样一个概念却广泛应用于自然科学和人文科学的各个领域当中，比如，医生常常用病人的意识反应来判断其神经系统或心理变化的状况；在政治经济上，时常听到“意识形态”这样相关的词来理解一个社会的性质。另外，意识有其实质内容吗？究竟是什么？等等。对意识的讨论出现了困难的局面，原因是多方面的。

大家都知道意识是一个很难研究的问题，因此，有关意识研究的进展也相对缓慢一些。

《牛津心理学词典》把意识定义为“人类清醒状态时的正常心理状态。在这种状态下，人们可以有知觉、思维、感情、对外部世界的觉察以及自我觉察的体验。”（《认知心理学（第五版)》，华东师范大学出版社 2009 年版）对此我们难以认同。如果把意识只看成一种状态，那么，这种正常的心理状态又是何时形成？怎样形成呢？假设人类没有身体的感觉器官，没有大脑的认知功能，何来心理状态？倘若我们承认意识是一种心理状态，那么它还是要从感觉开始，继而获得大脑对感觉的认知，这个状态才能逐渐形成。如果这个假设是成立的，那么与其说形成了心理状态，不如说感觉和认知带来海量的意识。从众多的感觉和认知的结果来看，心理状态是形成了，但如果把“状态”看成是意识，那么，新生儿初始的第一个感觉，继而被认知而形成的东西是什么呢？这个“东西”被再认知又是什么呢？我们坚信这个“东西”从无到有，再到海量，就是意识从无到有，再到海量的过程。生命科学的实践告诉我们，意识不是人类所独有，是生物界普遍存在的生命现象。而且，“清醒状态”不一定是人具备“正常心理状态”的唯一条件。难道造梦就不是心理活动？心理状态就不正常？回答是显而易见的。

关于意识的注释，再看看《现代汉语词典》如是说：“人的头脑对于客观物质世界的反映，是感觉、思维等各种心理过程的总和。其中的思维是人类特有的反映现实的高级形式。存在决定意识，意识又反作用于存在。”对于这样的注释或定义，我们认为也是不准确的。下面不妨就注释所述的四个方面开展针对性的讨论，然后提出我们对意识的定义。

意识是人的头脑对于客观物质世界的反映吗？

现代医学大量临床实例告诉我们，意识是发生在大脑的生命现象，倘若没有感觉，很难想象意识从何而来，当大脑认知能力不起作用（或能力低下）时，意识就等于感觉表象。毫无疑问，感觉才是大脑对于客观物质世界的反映，这个“反映”实际上是感觉表象，意识则是大脑认知能力的成果，即，有了大脑的认知才会产生意识。但物质世界在大脑的“反映”会随着大脑认知的深入，发生极其复杂的变化。比如，某一感觉（看到一个物体）没有被认知或再认知，在大脑的反映就只是某一物体的形象，无疑，这时候在大脑里仅有感觉表象，感觉表象是不牢靠的，只有感觉被认识或再认知，物体在大脑的形象才让人明白它是什么，继而了解内部结构及组成、物理特性及其运动规律，最后认知到它对人的生存发展所具有的意义。这时候的意识被不断而深入的认知，意识内容亦随之不断丰富起来。所以，我们认为，把意识理解成大脑对于客观物质世界的反映是简单粗糙的，甚至是错误的结论，因为，只有感觉器官直接面对事物，通过能量转换形成神经电信号作用于大脑，大脑出现的“反映”当然就是事物的感觉表象，大脑的认知能力面对的就只能是感觉表象，而不是事物本身。这时候，感觉表象被认知生成的意识，就不可能全然忠实于事物的真相，而受主观意志的干扰或影响，甚至来自感受器的差异或缺失。因此，意识不可能是客观物质世界的直接反映者，而是对客观物质世界呈现、确定、描述（或选择）的产物。或者说，意识的形成一开始就受制于感觉器官的种类及数量，同时受制于人的认知的能力和人的生存发展之背景。如果感觉表象趋向接近物质世界存在的真相，那么意识所陈述的“不由人的意志而转移的客观存在”才是科学态度。所以，意识不是人的头脑对客观物质世界的反映，意识与感觉有着根本的区别，意识是对感觉表象反映的物质世界的描述。

意识是感觉、思维等各种心理过程的总和吗?

意识“是感觉、思维等各种心理过程的总和”这一论断不但被认为意识就是认知的全部过程，还很容易被理解成为，意识是认知的所有成果，包括思维过程产生的成果（思想）。这样一来，“意识”就成了“认知”的总量及其状态了，甚至被理解成意识就是认知，把动态发展着的意识抽象化、简单化，最终导致对意识的发生、发展及其活动规律一直被忽视。我们认为，意识只是认知过程中取得的阶段性成果，并不是认知的全部。当某样新生事物摆在你面前，你首先获得的是各种感觉表象，如物体形态、颜色、发出的声音、气味等，继而是对该物体的结构、运动规律甚至其存在的意义等的深入认识。如果把这些认知过程的结果（而不是过程之本身）称之为意识，那么随着认知的事物越来越多，才逐渐有了概念和复杂的思维。另外，仔细观察身边从低级到高级的物种（包括人类），不难看出，狗和猫等动物同样拥有种类繁多的感觉，能看到东西或听到声音等，并且都能理解这些感觉，即都能从这些感觉中形成意识。但人之所以为人，在生物进化的漫长时空里，毫无疑问，认知能力的发展进步最为关键，除了取得里程碑式的成果即意识外，继而出现了概念、思想，认知能力获得一次又一次的伟大成果。事实胜于雄辩，意识绝不是“感觉、思维等各种心理过程的总和”，意识是生物物质进化、精神进步里程中一个重要成果，意识是有内容的，意识被认知后形成概念、思想，引领人类走向未来。

思维是人类特有的反映现实的高级形式吗？

首先，思维是什么？思维是认知能力发展进步的产物，是综合认知过程的最高级形式，猫狗也有对感觉表象的认知并形成意识，但没有在概念层面上进一步认知从而产生思想，从狭义上说，只有人类才出现思维这样一种高级的综合认知过程。需要指出的是，思维绝不是被动反映现实的过程，而是主观能动的关乎未来的创新过程。如果思维仅仅只反映现实，那么在猫狗特别类猿人的生活里应随处可见，又怎能说，思维是人类特有的呢。

存在决定意识，意识又反作用于存在吗？

倘若把意识视作一种存在，那么这个命题就变成整体存在决定部分存在，部分存在反作用于整体存在。倘若把存在视作物质存在，而意识是非物质的，那么这个命题就变成：物质决定意识，意识反作用于物质。物质是传统意义上的“死物”，意识是生物普遍存在的生命现象，对生命是否存在的最根本的判断应当是物质代谢和能量代谢。意识可以作为生物体是否死亡的判断指标，意识是生命代谢特别是能量代谢的产物。我们坚信，量子物理发现的诡异现象（纠缠、态叠加和坍缩等）与意识活动当中能量的代谢有着密不可分的关系。本书无法完成这一大命题的讨论，只是想激发并活跃读者的思维，对意识本身的理解更接近真相。总之，意识一定不仅仅是对物质世界的反映，而是主动地对物质世界及其意义的描述（或选择），尽管描述的是物质世界的表象，人类还是一如既往地追求着真相。但有一点是肯定的：“不由人的意志而转移的客观存在”必须在认知当中被描述（选择）或定义，才可以确定、理解、交流甚至传承。

意识的定义

综上所述，本书对意识的定义：意识是感觉和认知的概括。意识被认知再概括形成概念，意识是引发思维活动的基本单位，是生命现象的重要表征。意识不是人类所独有的，意识随着生物的物种进化而不断成长、进步。意识从感觉被认知中诞生，其内容被再认知后不断发展壮大，意识（内容）活动彻底摆脱物质运动规律的束缚，意识（内容）活动属非物质活动范畴（相对于传统物质观而言）。从感觉到意识的代谢过程发生了能量（量子水平上）的接收、传导、转换、储存、再转换，并且必然伴随意识内容的发生和发展。

为什么说意识是感觉和认知的概括？因为意识从发生到增加绝不是物质的简单叠加关系。假若感觉被认知后形成意识，而意识又可以在其他感觉或意识的作用下被再认知，如此类推，那么，这种情形就是一种“概括”。老子说，一生二，二生三，三生无穷，正是对此情形的一种描述。为什么说是“概括”呢？因为意识的大小是不能用物质大小的观念来理解，一个感觉被认知产生的意识和众多的感觉被认知所产生的意识或被再认知产生的意识，从内容上看，意识的大小无法用传统物质大小来比较，既无体积又无重量，似乎稍纵即逝，难怪前人把意识误解成人类心理过程的“状态”。

我们想强调，感觉的对象是自然万物，感觉的发生是在感受器官里开始，最终在大脑里反映；认知的对象是感觉表象或意识，认知自始至终发生在大脑里，对感觉的认知过程就是概括。其实，意识的核心问题就是认知问题，但，意识不等于认知，认知强调的是有物质生理基础的大脑功能；意识强调的是其内容及活动规律。

为什么说意识是思维活动的基本单位，被再认知概括后形成概念？因为一切的思维活动，不管其内容有多丰富，其结构都由“基本单位”组成，“基本单位”是沿用物质运动规律即科学技术研究常用的术语，以方便我们对意识或思维活动进行深入的探讨。我们肉眼所能见到的物质世界，都由分子、原子所构成，原子又由质子、中子、电子等基本粒子所组成。能量运动同样可通过量子单位来理解其组成。再看看生物界，由于显微镜的出现，让我们更明确地知道，生命的基本单位是细胞。换言之，再硕大的生物体都由细胞组成，细胞组成组织，组织形成器官，器官构成系统，各功能系统组构成完整的生命整体。或者说，细胞是具备所有生命特征的最基本单位。在生物界，有单细胞生物和多细胞生物。

为什么说意识是思维活动的基本单位呢？我们认为，人类的思维活动遵循以下的步骤发展：意识→概念→观点（观念）→思想。当感觉被认知后形成意识；不同感觉来源的物质世界的信息以意识的方式随着人的不断成长而迅速积累，当众多的意识被“范畴”所区分的时候，产生概念；众多不同范畴的概念被再认知就出现观点（即对事物的看法）；当所有的观点被统一再认知后形成世界观，即对世界的看法，世界观包括人生观、价值观、道德观等等；不同的世界观导致出现不同的思想。思想指导着人们的语言和行为去实现人生每一个目标。所谓思维就是：最高级的综合认知过程，包括意识形成概念、概念形成（观点、世界观）思想所发生的每一次认知过程。而意识、概念、思想都是这些认知过程的阶段性成果。当感觉表象呈现在大脑里时，感觉表象本身并不是意识；感觉一旦被认知，感觉瞬间转变成意识，只有意识才是认知最先取得的成果。另外，我们确信，先有意识后有记忆，记忆的对象是从意识开始，或者说，是从意识的内容被记忆开始的，记忆凭借“思维活动的基本单位”即意识（内容）来参与思维活动。因此，意识是思维活动的基本单位，关于“思维”在以后章节再深入讨论。

为什么说意识是生命现象的重要表征？所谓生命表征，对于人来说，就是大家最熟识不过的呼吸、心跳、脉搏、血压、体重、神经反射、意识等。意识时常被应用于临床医学上，通过对意识的反应、意识障碍、意识消失等来判断精神性疾病的状况甚至生命是否还活着等。人类从远古走来，随着对生命的深入了解，科学技术的进步，对死亡的定义在不同的历史时期都有着不同的注释，最开始人们把死亡称为“断气”，即呼吸停止；后来发现人死亡的重要表征是心脏停止跳动；再后来发觉人已经“断气”、心脏又停止跳动加上完全失去意识反应就称之为死亡；现代对一个人死亡的定义则是脑细胞死亡。脑细胞死亡当然没有意识，意识是生命现象的重要表征。另外，意识对语言和行为有绝对的支配作用，对造梦的内容可以自由派生。因此，通过对语言和行为的观察，以及对梦的分析，可以进一步了解意识的内容及其目标。站在生命科学的角度去理解意识的活动规律，正是本书要讨论意识所持的端正态度。

为什么说意识不是人类所独有的，意识随着生物的物种进化而不断成长、进步?《精神概论》一书关于“精神起源”的论述中，试图站在“生物进化树”顶端，以人类所拥有的精神体系之视野，观察小动物的行为习惯和意识活动，引发我们对意识的由来以及发生发展等规律的思考，从而，用客观的事实证明，意识不是人类所特有的。当然，意识更不是从人类才开始发生发展的。比如，蜜蜂筑巢，每一个蜂房都是由六条底边，六个面连成的一种形状似倾倒的三角仿锤体，高智商的人类就算派出技艺精湛的技工，使用精确的计算器和合适的工具，也很难造出能与蜂房的真实形状相媲美的蜡质蜂房，即便使用今天的3D打印技术，也只能做到模仿。不过，我们大可不必觉得太复杂，这不过是蜜蜂群体依靠本能意识用其几种简单的本能习性来完成这样一种巧夺天工的工作罢了；蚂蚁的社会性群体生活、动物在镜子面前的自我认知，都离不开自我意识的作用；类人猿选择工具寻食蚂蚁，用石头砸开坚果等都是欲望意识使然；还有，候鸟的迁徙，从南方过冬后又飞往北方，时空意识早就在动物身上并支配它们的行为。因此，大量的事实说明，意识不是人类所独有，意识是在生物的进化过程中，不断的成长和进步。可以说，今天人类的智慧和走向高度文明的进程，正是意识不断成长和进步的有力证据。

为什么说意识从感觉被认知中诞生，继而被再认知后不断发展壮大，意识活动彻底摆脱物质运动规律的束缚，意识内容的活动属非物质活动规律范畴？很明显，没有感觉，即没有感受器的信息传导至大脑引发的反映，大脑的认知功能一开始就没有了认知的对象，意识不复存在。当有了意识被再认知后形成新的意识，认知的对象除了感觉就是意识。此时，意识可以平方级数递增，意识有了一定数量作基数，才有可能层出不穷地出现海量的概念，人类的思维才有了出发点和基本素材。

本书严格遵循这样一个假设展开对意识活动的讨论：假设意识一旦形成，在意识的相互作用被认知后，相关联的意识形成概念；各种不同范畴的概念被再认知后，形成观点；各种观点再被认知，形成世界观，即对世界的总体看法，其中包括，价值观、人生观、道德观等；人有了世界观才能有一个完整的思想体系。在以后的讨论，为了把问题简化，把观点、世界观看成是思想范畴的组成，那么思想的基本组成就是概念。概念成了思想内容的组成单位。

意识是感觉被认知的产物，意识发生在神经中枢，即人类的大脑里。大脑的认知过程一定伴随着一系列的神经、生理的变化，这一切的变化以及大脑的本身都是物质的。那么，为何说，“意识活动彻底摆脱物质运动规律的束缚”呢？假设，意识是有重量的，那么，随着你对事物的认知越来越多，即产生的意识就越来越多，你的大脑就越来越重；再假设，意识的活动是占有空间的。那么，随着你每天的思考，你的大脑将无限膨胀，你的头会不断增大。而事实上，无论你认知了多少感觉，明白了多少的概念，进行多复杂长久的思考，大脑的重量和大小都相对恒定。再者，倘若意识的活动是能量代谢的过程，那么能量运动就成为意识内容的载体。因此，可以肯定，意识内容的活动不是物质运动，意识活动彻底摆脱物质运动规律的束缚。比如，水是物质的，水在重力作用下一定往下流，水是有体积的，水在不同的容器里有不同的形态。然而，水的概念完全不受这些束缚，可以与你认知的所有概念相结合形成新的概念。也就是大家都能做到的，“天马行空，无限想象”。这样一来，就不难理解：“意识活动属非物质活动规律范畴”。我们期望对意识活动规律的系统性和科学性研究的时代早日来临。

第二节 意识的呈现性、派生性、支配性

经过以上的讨论，清楚地知道意识是从感觉被认知而来，意识可以被再认知形成新的意识。意识又是普遍存在的生命现象。但对意识活动之存在的觉察，在生活当中似乎缺少有效方法，或一无所知。只有对意识活动的特性进行归纳总结，问题方可迎刃而解。

第一，意识具有呈现性。相对于新生儿初次感觉到妈妈的形象，随着妈妈的形象在我们的生活里千百次的被认知，此时此地呈现的妈妈的容颜已经再不是简单的图像在大脑的反映，而是意识的呈现，甚至是由众多的意识构成的“妈妈”这样一个概念。其实，意识的呈现不仅仅限于图像，有声音的呈现、冷热的呈现、酸甜苦辣的呈现、位置平衡的呈现等等，取决于一开始的感觉体验。再比如，相对于语言、文字这样一些符号的呈现，数字的呈现更接近纯意识的呈现，而语言、文字（如：妈妈）通过声音或符号图像就已经是利用意识呈现的特性来表达一个完整的概念（如：妈妈）。意识的呈现性让我们清晰而具体地觉察到意识的存在；意识的呈现性让抽象的概念形象化，让思维多姿多彩；意识的呈现性是人类之所以能“创新”的必要条件。意识的呈现性对于“创新”的贡献，在艺术类创作方

面显得特别明显。另外，值得注意的是，意识的呈现性与大脑的记忆能力有着密不可分的关系。有一种经验比较容易觉察，比如，凡意识的呈现能清晰的，这个意识或者概念就牢牢记住；凡意识的呈现模糊时，这个意识或概念就不易记住。

第二，意识具有派生性。当妈妈的形象一经确立，意识的派生性当即接二连三地发挥作用，派生的意识诸如：妈妈的形象最安全、可靠、可亲，妈妈亦是我兄弟姐妹的妈妈，其他小朋友都有妈妈等等，数不胜数。此时，关于“妈妈”的同一范畴的概念应运而生，“妈妈”成了一个完整的概念。我们所掌握的所有概念，都是意识派生的结果。大家可以试想，如果没有意识的派生作用，那么概念无法形成，概念的继续派生不知所终。

意识的派生有两种情形。其一，意识的被动性派生。比如，造梦就是最能说明这一情形的例证。因为每一个人的梦都不可能预先设定或随意叫停，所以才发生光怪陆离，看似逻辑荒谬的人文景观。尽管弗洛伊德认为，梦是潜意识作用的产物，抑或是欲望满足的替代物。但必须明确指出，造梦是一种生命现象，梦的活动就是意识活动，梦景就是意识内容，光怪陆离的梦景就是意识（内容）被动性派生的结果。此时，你可能会问，“被动性”的“动”从何而来？或者说，意识的派生性在造梦时是怎样发生作用的？可以借用弗洛伊德《精神分析引论》中“儿童的梦”的案例加以说明。“一个两岁的孩子，在小伙伴赫尔曼过生日的时候，将一竹篮子樱桃作为生日礼物送给他，尽管他自己也可以分享一些樱桃。可到了第二天，他却梦见赫尔曼已将樱桃吃个精光。”很明显，两岁小孩围绕“樱桃”所造的梦，“樱桃”成了意识的具体内容，在意识派生性的作用下，派生出与“樱桃”相关联的一系列内容，从“生日礼物”到“自己可分享”再到被“吃个精光”。如果说“生日礼物”“自己可分享”是白天的事情或主观想法，那么“第二天梦见赫尔曼已将樱桃吃个精光”，就是晚上造梦时意识派生的结果，当然，此时的意识派生不是两岁小孩白天时的主观想法，而是造梦时意识的被动性派生。弗洛伊德医生经长期的临床实践后认为：“从表面上看，儿童的梦简单、清晰、易解，而实质上已然具备了成人梦的所有特点。让人感到惊诧的是，一个孩子可以在睡眠状态下进行完整的心理活动，而成年人的心理活动只能是断断续续的”。我们还是想通过弗洛伊德的实践真知来进一步说明，意识的派生性同样作用于小孩和成年人，那为什么一个小孩可以在睡眠状态下进行完整的心理活动，而成年人的心理活动只能是断断续续呢？道理是显而易见的，小孩的梦不是看似简单，而是小孩的生活内容原本就简单，小孩大脑的意识量少，在意识之间的相互作用下，意识派生的方向就有限，而且相对清晰和易解。与此相对应的，成年人大脑里的意识可谓海量，众多意识之间的相互作用，其结果意识派生方向的不确定性大大增加，梦景就常表现为断断续续，甚至光怪陆离。所谓心理活动就是意识活动，尽管你还处于睡眠状态。值得提示的是，意识的被动性派生可以看做是意识的另一个特性，即意识的倾向性，来进行深入的探讨。其二，意识的主动性派生。所谓主动性是相对于被动的睡眠状态而言，在平日的生活或工作当中，只要你处于清醒的状态，你会不难觉察到，你的意识总是在指向性或目的性非常强烈的作用下不断派生，继而完成你预先设计的方案及其行动。比如，你要办一场婚宴，围绕着办婚宴一系列意识接踵而来，内容包括：时间、地点、人物、接待、规模、排场、形式、数量等等。我们要写好一篇文章、完成一次精彩的演讲、安排好一个工作计划并负之于行动等，无一不是在意识主动派生的作用下来完成的。

意识的派生，无论是主动抑或是被动，都离不开大脑意识存量基数下的派生。意识的派生成为日后思维的重要方式，可以肯定，没有意识的派生性，就没有思维，或者说，对所提出的问题无法思考下去。如果说意识的呈现性给思维更多的色彩或天籁之音或酸甜苦辣等，那么意识的派生性就给思维创造出空间、丰富了内容、引领着方向。这样一来，意识的呈现性为诠释“情调”提供了具体素材；意识的派生性为丰富“情感”、坚定“理性”提供了广度和深度。与此同时，意识的呈现性和派生性促使每一个意识被再认知，转而形成新的意识，为意识数量的递进提供必要的条件。从而，让思维的方式方法以及内容逐渐趋向多样并丰富起来。

第三，意识具有支配性。在人清醒的正常状态下，人的意志可以轻而易举地改变或结束正在认真思考的每一个问题；可以随心所欲地去改变或暂停正在行进中的每一个动作。显而易见，意识对思想和行为有着强大的支配作用，我们把意识这样一种重要特性称为：意识的支配性。

以上讨论，意识的主动性派生就完全受控于意识的支配性作用。比如，当你进行一场精彩演讲的时候，你可以顺着原本的思路讲下去，又可以突然急转话题，穿插一些别的内容。此时的演讲完全服从意识的支配。当你设计一个工作方案，或者进行着艺术创作（如绘画）的时候，意识的支配性随时随地在发生作用。另外，正常情况下，意识对人的每一个动作都有着绝对的支配能力，你可以随意举起双手，随意站立并起步走，在人体解剖学上，把骨骼肌称为随意肌，即骨骼肌的运动完全受控于意识。其实，在人体运动的时候，骨骼及肌肉的活动位置、平衡、张力等都在一系列的感受器参与下完成，继而被大脑所认知。感觉和认知所产生的意识，将成为今后每一个动作的坐标系。正因为有了意识的支配性，人们对事物的准确把握（或经多次的锻炼）才有了可能。平时，见到工厂里从事精细工作的工人或千姿百态的舞蹈演员就是活生生的最好例子。

那么，意识的支配性是否可以支配人体的所有活动呢？回答是否定的。比如，你不可能叫停每时每刻跳动的心脏，你不可能随意摆布正在蠕动的肠胃，你不可能主动支配造梦的内容，或预先设计好梦的内容来造梦。所以，意识的支配性有局限，意识的支配性不能全然支配自身的活动，这个局限取决于神经系统的构造及其生理机理。神经系统当中，有内脏神经和体神经之分，内脏的活动，由内脏神经分管，肢体的活动，由体神经分管。心跳、肠蠕动、造梦，可以归纳于内脏活动范畴。确实，就算人类有强大的主观能动性，但上帝总是不允许人类为所欲为。

我们把意识特性的呈现性、派生性、支配性统称为“意识三性”。人的主观能动性正是“意识三性”作用的集中体现，倘若意识不能呈现，就意味着感觉和认知后的东西无法再现，人的“主观”又从何而来？又“能动”什么呢？倘若意识呈现了，但是静止的，即意识不能派生，人的“主观”内容非常贫乏，彻底回到某低等动物的水平，“能动性”的广度和深度就停滞不前，当然，更无法在你所认识的事物身上注入意义，值得注意的是，意识的派生让众多不同的意识在相同的范畴内生成概念成为可能；意识的支配性被体现为，“主观”意志上的支配，“能动”不能动的支配。

通过对意识特性的讨论和总结，我们更能深刻地理解，为什么意识不仅仅是“清醒状态下的正常心理状态”，意识的生命表征及其特性非常明显，意识内容在“意识三性”的作用下可以无限伸展。

有人认为，人之所以不同于动物，是因为人会发明工具并熟练使用工具。还有人认为，因为意识是人所特有的。今天很多人认为，因为思维是人类所特有的。我们认为，人类所思维的，而动物不曾有的那部分，或者说，人类的智商，高于动物的那部分，完全是在连续性选择的前提下，“意识三性”的作用下，意识的内容从量变到质变的飞跃，让人类离动物越走越远。其成果就是具有公共认知的“概念”在交流、认同中不断裂变。今天，越来越多的人认为，准确的“概念”已经成为科技进步的标志。

从分析意识三种特性中不难发现，与其说概念、观念、世界观、思维都具备呈现性、派生性、支配性，不如说意识是具备这三种特性的基本单位。就像生物的细胞一样，细胞具备完整生命特征，细胞是构成生命的基本单位。“意识三性”是意识活动规律的重要特性，开展“意识三性”的研究对揭示认知规律有着极其重要的意义。

第三节　意识的内容及其数学表达式

人作为一个生命体，只有通过物质代谢和能量代谢来充分表现。意识活动是能量代谢的一种表现形式。为什么说意识活动规律是非物质活动规律？因为这样一种能量代谢所承载的正是意识的内容。倘若意识没有内容，那么概念、思维就没有内容，概念、思维当然无法形成。对人类精神生活的研究或探讨将毫无意义。

然而，意识的内容又如何生成？怎样发展？意识的内容从认知开始，认知发生在大脑里，认知的对象除了感觉就是意识，感觉来自物质世界，包括外部世界和自身，感觉一旦被认知成为意识，意识被再认知后带着新的内容让新的意识不断发展。直至概念的出现，继而，概念同样走上被认知和再认知的道路。从而，人对来自世界的海量信息的吸收，得以概括并继续放大成为可能，即海量意识被概括成概念，继而，概念同样获得无限发展。为了更具体地知道意识的内容是如何生成？让我们再回到原始意识是怎样生成的加以说明：人有众多的感觉器官，而一个感觉器官可管上若干个感觉种类，甚至每种感觉种类还可细分。比如，眼睛作为一个感觉器官，既可感受事物的形状、运动状态，又可感受事物表面的颜色，这个视觉器官能感觉的种类够多了，然而，颜色这样一种感觉种类还可细分出红、黄、蓝、白、黑等。当你第一次见到红色的时候一定不以为然（只是“纯感觉”并不知为何物），当红色最初被呈现、确认、分辨的时候，即“红色”被认知了，“红色”成了原始意识的内容。随着人的成长，感觉器官的相继成熟，千千万万的原始意识层出不穷。意识的内容从原始意识出发，从单一感觉种类被认知到复合种类的感觉被认知，如，单一“红色”被认知产生原始意识向复合红、黄、蓝等颜色被认知产生的新意识方向发展，继而产生诸多关于红色的象征意义等。在强大的认知功能推动下，意识向着更为复杂、深入的方向发展。

既然意识的内容从对感觉的认知开始，进而对意识、概念不断认知，那么意识的内容必然是这一切认知的总和。从认知的规律看，意识的具体内容包括：

（一）来自于对事物形态及结构的认知，如一座山、一条河、一棵树、一个鸡蛋等，世界万物从形态到结构逐一通过认知成为原始意识的内容；

（二）来自于对物质运动规律的认知，如温度升至一百度的水会沸腾、牛顿三大定律、爱因斯坦的时空是物质运动的标量等，包括现代科学技术的认知，此情形下，原始意识被再认知或概念被认知后产生新的意识内容；

（三）来自于对事物被注入的意义上的认知，这样一种认知，站在意识内容上看，就是意识或概念内容背后蕴藏的意义之认知。

对意义的认知，是意识内容中最高层次的认知，容易让人们把众多的意识通过意义涵盖的范畴进行归类，继而形成概念。如红十字、自由女神像、族群图腾等，这些事物以及被认知所产生的意识都蕴藏着人们熟知的意义。对红十字等这些具体形象的认知所产生的意识立即被再认知其包含的意义，“红十字”

等就成为人们熟识或者说有着公共认知的概念。随着意识内容被认知后不断地扩张成为概念，概念包含的意义同样可被认知，意识的内容被概念、观念、世界观承载着参与到丰富而复杂的思维活动中来。与其说概念、观念、世界观是意识内容的容器，不如说以上的认知的三种层面就是意识内容增量的方式方法。随着对意识、概念、观念、世界观其包含意义的深入探讨，不难发现，这一切的意义归根到底离不开一个主题，那就是人的“生存与发展”。然而，生存与发展的需要又必须通过人的本能、自我、欲望的需要来具体体现。因此，从意识内容及其意义上看，所有的意识内容都从本能意识、自我意识、欲望意识出发，或者说，所有的认知都是为本能、自我、欲望的需要而认知。本能需要及其意义的认知即本能意识，自我需要及其意义的认知即自我意识，欲望需要及其意义的认知即欲望意识，时空的客观存在及意义的认知即时空意识。以上四种意识称为意识内容的四种基本意识。之所以说四种意识，其实就是四个不同范畴的概念，即海量意识被范畴概念化。其实质就是通过“概念”来承载日益进步的意识内容。

意识的内容是否可用数学表达式来描述呢？回答是肯定的。

原始意识就是感觉表象被第一次初步的认知，此时，感觉表象等于原始意识，因为感觉表象在大脑一旦呈现即时被认知而成为原始意识，本书第一章已揭示感觉表象的内容即感觉内容 $F = fn \times N$（fn 为感觉种类，N 为感觉事物的数量），

若设原始意识的数量为 C，那么 $F = C$，所以，原始意识内容 $C = fn \times N$。

有了原始意识，意识之间发生相互作用，即原始意识被再认知，若设再认知的次数为 M（即每个意识的派生次数），那么：

意识总内容 = 感觉种类 × 感觉事物的数量 × 认知系数

即 $$C = fn \times N \times M$$

意识内容的数学表达式充分表明，意识从感觉被认知而来，又在再认知中不断壮大成为海量意识。

第一，“意识公式”明确宣示，意识是有具体内容的，其内容决定于感觉种类 fn、感觉事物的数量或感觉对象 N、认知系数 M，当 $M = 1$ 时，$C = fn \times N$，此时意识的内容是未派生的原始意识内容，该公式充分诠释“感觉和认知的概括”的意识定义。

第二，C 与 fn、N、M 的函数关系。对个体而言，意识内容的差异极其明显，该公式可呈现和确立不同个体颇具个性意义的函数曲线。它们的关系相当有趣，我们不妨展开来讲，感觉种类 fn 对于成年人或全人类是一个相对恒定的基数，其变化就取决于主动或被动使用感觉种类的数量及先后顺序，对于新生儿至成年人之间的成熟期来看，感觉器官的成熟期不可能齐头并进，况且个体之间存在着差异，所以，对于正在成长和成熟期的个体来说，fn 是一个上升的变量，换言之，对于个体而言，fn 的成熟时间以及可面对事物的种类存在个性差异，C 与 fn 的函数关系确立，呈现出不同个体颇具个性意义的函数曲线，即可运用的 fn 的数量和种类的不同，个体能形成意识的数量和内容就不同。通过对 fn（感觉种类）变化对 C（意识内容）发展变化的影响之观察或实验，对人的意识形成、感知能力、兴趣取向、特别学龄前教育等的研究提供了方式方法和理论依据。另外，感觉对象（N）即面对事物的数量，在人的一生当中，N 对于 C 来说是一个大变量，不同的个体在不同的成长阶段存在极大差异，N 的变化完全取决于人能面对事物的数量以及不同阶段感知事物的顺序。C 与 N 的函数关系同样可确立颇有个性意义的函数曲线，N 表达的是人一生所能面对并不断增加的新事物的数量，由于人生活轨迹的不同，N 的数量、组成结构甚至出现的先后顺序，对个体而言，差异极其明显，这些差异及变化必然形成不同个体的 C 在数量上和内容组成上存在差异。或者说，当 N 不变，可观察 fn 的运用能力对 C 带来的影响，反过来，当 fn 不变，可观察 N 选择的顺序和数量对 C 带来的影响，此时，观察到的是感觉器官提供感觉表象的能力。当 fn 和 N 不变，M 的派生次数越多，C 的数量越大，此时，观察到的是意识被再认知的能力。

第四节　意识的分类

意识可以从由来、活动状态、范畴方面进行分类比较。

第一，从意识的由来上分类：原始意识和复合意识。意识从感觉中来，是感觉（在大脑的反映）被认知的结果。意识一旦生成，被再认知形成新的意识。如果从意识由来的角度来对意识进行分类，那么，意识的来由就有两种情形，一种是直接来自于感觉，另一种是来自于意识本身。意识来自于感觉的，可以称之为：原始意识。意识来自意识被再认知的，可以称之为复合意识。

原始意识的多少，直接取决于身体感觉种类的多少和感觉对象即事物数量的多少。倘若要对原始意识的发生、发展以及对神经系统特别大脑中枢的相互作用进行深入探讨，用现今的技术及手段来展开实验，相信所有的障碍都是可预见并可得到解决。我们可以设想一下，新生儿是如何产生原始意识的情况。当新生儿第一口吸吮妈妈的乳汁的时候，引发的感觉种类有如嘴唇的触觉、舌头的味觉、眼睛的视觉、气味引发的嗅觉等。新生儿人生第一次的舌头味蕾传递到大脑引起的反映，是否会随着大脑功能的不断健全，特别是认知能力的变化与第二次后的感觉之间有可必然联系呢？另外，一种感觉与多种感觉在大脑的这些反映，在新生儿那里会产生怎样的关联，每一个初次感觉能否可在大脑的反映里作清楚的区分呢？不管后人如何完成关于意识的一系列实验，有一点是可以肯定的：没有感觉和感觉的被认知，就不可能有意识的产生，无法形成丰富多彩的思想内容。原始意识的研究对意识的产生、发展和分类的认识有重大的积极意义。

复合意识的多少，取决于原始意识的基数，以及这些基数在新的感觉特别来自综合性感觉的作用下被认知的数量。主要包括一个原始意识与另一个原始意识的互相作用下被认知所产生的意识；还有，一个原始意识与一个综合性感觉互相作用下被认知所产生的意识。比如，第一次看见玫瑰花是红色的，被认知后产生一个原始意识即“红色的玫瑰花”；当后来发现另一朵玫瑰花是黄色的，被认知后产生另一个原始意识即“黄色的玫瑰花”；两个原始意识互相作用产生一个新的意识即“有红色或黄色的玫瑰花”。一个原始意识“红色的玫瑰花”与以下综合性感觉的互相作用，如用手触摸到花柄带刺、鼻子嗅到玫瑰香味、眼里看到花瓣与雄蕊雌蕊的位置关系等，产生新的意识即“一朵红玫瑰的活生生状态”。

复合意识介乎于单个意识与概念之间，一旦形成概念，同属于一个范畴的所有意识都可清楚地得以区分。在此提出“复合意识”想让读者更好地理解，概念的形成过程。意识、概念、世界观都没有重量、没有体积，只有意识内容的变化。“复合意识”作为意识与概念之间的过渡形式，你可看成是一种假设。假设每个人都从新生儿的成长过程中走来，这个过程正是新生儿从无到有地通过感觉被认知来获得原始意识的积累，随着时日的推移，原始意识亦被不断地重新认知，生成复合意识，即此时意识的内容被延伸，同一范畴的意识才会出现，继而被认知后，才有概念生成的可能。

第二，通过意识的活动状态来分类：意识、前意识、潜意识。由于意识的派生性作用，每一个意识都可以成为另一个意识的前意识或潜意识，意识的活动是相对的。也就是说，从意识的活动状态看，可以分为三大类，即意识、前意识、潜意识。所谓前意识就是能被派生或再认知而产生新意识的那个意识；所谓潜意识就是可以在派生性作用下被回忆（呈现）起来的意识。这里需要强调的是，虽然我们沿用精神分析大师弗洛伊德在其精神分析法、自由联想法中常用的三个述语——意识、前意识、潜意识，但对于它们的定义却有着本质的区别。弗洛伊德认为：无意识可划分为前意识和潜意识，无意识的精神活动远比有意识的精神活动重要得多，意识只是冰山浮出水面的那一极小部分，无意识却是冰山藏在水里的大部分。我们对此一直持批判的态度，因为，从总体上看，意识、前意识、潜意识恰恰表现为意识活动的层次，三者都是感觉和认知的概括，它们之间并无实质性的区别。

第三，意识的分类还可以通过“范畴”对意识总量进行分类：本能意识、自我意识、欲望意识、时空意识。凡来自于本能及其需要的意识统称为本能意识；凡来自于自我及其需要的意识统称为自我意识；凡来自于欲望及其需要的意识统称为欲望意识；凡来自于对时空的认知所产生的意识统称为时空意识。

本能意识：现代科学通过大量的证据表明，本能意识不是人类所特有的。比如，蜂类筑巢，蜂房的适当容积、完美的形状和适宜强度都让人们的感受可谓叹为观止！与其说蜜蜂建造的美轮美奂的蜂巢是本能的作用，不如说是本能意识通过行动完成的成果。在自然选择的作用下，本能意识随着物种的不断进化而不断进步。今天的人类有哪些常见的意识属本能意识范畴呢？如进食意识、性意识、死亡意识、安全意识、运动意识、健康意识等等。

自我意识：同样不是人类所特有的，类人猿、狮子、蚂蚁等动物的群体性生活里，动物的自我意识表露无遗，通过“镜子测试”实验，让类人猿与几岁小孩作一个“自我认知”的对比，发现两者差异甚微。然而，却在人类这样一个不断进取的物种里鬼使神差地繁荣而跳跃式地进步。当然，自我意识同样在自然选择的作用下，伴随生物物种的进化而进步。与其他物种相比，这些进步充分体现在：改造自然的科学技术、维护稳定的社会制度、资源流通与分配的经济体系等，所谓人类高度文明。或者说，这一切的进步就是人类自我意识高度发展的结果。这些成就，恰好是人离动物越走越远的重要标志。人的自我意识正是人与自然、人与人关系的表达，人类对自我意识的运用可以说淋漓尽致。综观今天的人类，不同的自我意识带来不同的社会规范、道德标准、法律体系、文化科技甚至宗教，也使党团之间、种族之间、国家之间有了根本的区别。同属自我意识范畴的包括：法律意识、道德意识、文化科技意识、公民意识、仁爱意识等等。自我意识在人的精神生活里占据着重要的位置，人类自我意识的选择和运用是地球上任何一种物种无法比拟的。

欲望意识：欲望是思想的原动力和行动的驱动力，欲望的内容主要包括本能的需要和自我的需要。欲望意识就是对欲望的认知所产生的意识。欲望意识同样不是人类所特有的。例如，类人猿会把摘下来的果实，用手将石头拿起，砸烂坚硬的果实外壳，从而吃到果肉，类人猿从去摘果实这一个欲望开始到拿起石头（工具）最后把果肉放进嘴里，这一连串的欲望派生充分说明，欲望意识早就存在于动物身上并且运用自如。需要特别指出的是，欲望与欲望意识不一样，因为欲望从属本能范畴，与生俱来，它是生物体对来源于内、外部的刺激所引发的原动力。欲望意识是在千百次的失败或成功经验中产生，是后天获得的，它是对欲望的整合、运用的综合能力的体现和表达，它成为思维能力的重要标志。没有欲望意识，本能和自我的需要无法实现，故此，欲望意识对形成每一个思想和每一次行动至关重要。

时空意识：如果说人类精神的三种基本意识（本能意识、自我意识、欲望意识）是对人自身物质生活的反映和总结，那么，时空意识则是人类对外部世界物质运动认识上的飞跃。时空意识就是对物质世界时空的认知后所产生的意识。它对于个人的生存发展起了关键性的作用，因为时空既是物质运动的标量，同样是人的命运的量度。时空意识在人类社会的各个领域已经得到了广泛而精细的运用，如今，人类科学技术取得种种的伟大成就，恰恰就是时空意识运用能力的最好见证。

人的一生所能获得的意识可以无限伸延，无论是走万里路，还是读万卷书，人生所有的经验或知识都只有通过意识这样一种东西贮存于大脑，成为记忆、对比、推理等思维的内容，即，意识是思维内容的基本单位。当然，随着内容（即意识）的增量，意识就会逐步往概念、观念、世界观这样一些大“容器”转变，人类才可能走上一条严肃认真、活泼浪漫以及丰富多彩的思维生活之道路。因此，意识的分类，对意识活动规律的深入探讨显得非常必要。将意识的海量分类出四种基本意识，总结起来有以下的重要意义。

首先，要明确本能意识、自我意识、欲望意识、时空意识是四大类意识，绝非四个意识。这四种意识可称之为思维的基本意识。

其次，人类再复杂的思维活动，都只有从四种基本意识出发，或者说，四种基本意识是一切思维活动的出发点。

再次，四种基本意识都不是人类所特有，而是普遍存在于动物身上。但论及包含的内容，还有对其运用的能力，地球上其他动物只有望尘莫及。究其原因，是在自然选择的作用下，物种的进化伴随精神进步的必然结果；是人类选择了这四种基本意识作为思维的出发点，从而走上让物种有高度智慧发展潜能的道路。这才是人与动物不同的根本性区别，至于说，会使用并发明工具、社会性生活等都不足以说明这样一种区别。

最后，四种基本意识是人类对本能、自我、欲望、时空认知而产生的，本能、自我、欲望的需要既是人性的具体表达，又是我们对所有事物认知的意义所在。时空意识是对外部世界，即物质世界的运动规律及其意义的认知而产生的，人类要走向太空必须从时空意识这里出发。人类将义无反顾地追求认知的意义和意义被认知，一步一个脚印地走向未来。

第五节 知识递进原理、互为因果原理

意识是认知的产物，随着意识内容的不断增长和变化，认知始终如一地发挥着作用。在《认知》章节里，我们对“连续性选择原理”作了详细的论述，连续性选择原理为人们带来对世界万物的认知，建立并巩固与神经反射、认知三者之间互为作用的关系，回答了人如何认知或怎样获得认知。本节将继续阐述认知的另外两个原理，当然也是意识活动的基本原理，即“知识递进原理”和“互为因果原理”，从而进一步推进对意识活动规律的探讨。

知识递进原理。人类传承、发展和进步离不开认知的不断积累，认知的积累形成知识，知识的积累形成文化。知识如何递进并成为人类顺应自然、开发及利用自然的巨大的精神力量？人类从远古走来，出现各种形形色色的宗教和信仰，宗教曾经对人们世界观的形成、知识的启蒙、文化的传承及发展产生过深远的影响，无论远古的宗教，抑或今天的科技，无一不是人们认知世界所走过的必然之路。知识改变人的认知，如果没有知识递进，我们无法看见如今所谓的文明世界。人类不断获得新的知识，新的知识不断作用于人的思想和行为，促进人类文明不断进步和发展，我们把这样一种普遍存在于认知领域的原理称之为知识递进原理。如果说连续性选择原理回答了人怎样认知事物，那么知识递进原理回答人认知了什么事物，即知识的具体内容。或者说，意识内容逐步转变成概念后形成了知识。

知识是认知的结果，感觉和认知的概括是意识，没有意识，知识没法呈现，意识是思维的最原始材料又是内容组成的基本单位，知识可以由一个或多个意识所构成。意识要么通过情景，要么通过概念来呈现知识。意识是知识的载体。比如，中国人在寻求知识方面常说要行万里路要读万卷书。前者强调个人的直接经验，后者强调间接经验。知识必须通过经验来获取，必须通过意识来呈现；直接经验带来的知识往往用情景呈现，间接经验带来的知识往往用概念来呈现或表达。人获取的知识必须通过概念来界定范围，才能把无限的知识加以区分或分门别类。比如“2×3=6”这样一道小学一年级颇为简单的数学题，就是一种知识，小学生必须通过知识的积累才可能清楚无误地一口说出该算术题的得数为6以及含意，实际上包含了算术里从加到乘，以及对事物基本分类等知识的积累，如何为2、何为3、何为6、乘法和加法的算术知识等。老师会教小学生们，摆在面前有二堆东西，其中每堆有三件完全相同的物件，问摆在面前一共有几件完全相同的物件。由于结论有6件完全相同的物件，那么何为1呢？当然是以一件完全相同的物件为单位1，而2就是二堆东西，而3就是每堆东西有三件相同的物件，即三个基本单位1加起来为3，最后再用乘法把二堆东西当中包含了六件相同的物件计算出来。我们成年人用已有的知识回答这一问题可能不屑一顾，但对于学龄前孩子来说是必经的学习阶段。知识由经验带来并通过积累而传承发展，已经得到人们广泛的认同，问题在于知识怎样积累，知识递进原理如何起作用，意识活动在其中扮演了什么角色。《精神概论》一书对意识的活动规律作过探讨，还是让我们从意识的特性及其活动规律入手，进一步讨论知识如何递进，知识递进原理又如何起作用。

意识是感觉和认知的概括。无数的生理实验证明，感觉是从感觉器官开始的，常人所了解的眼、耳、口、鼻，就是人体非常重要的感觉器官。如果从神经支配的分类来看，有在体神经包括脑神经支配下感受来自外部的刺激，如光、声、温度等而引发各种感觉的感受器；有在内脏神经支配下感受来自体内刺激而引发各种感觉的感受器，如饥、渴、便意等。从功能分类来看，有视觉包括颜色和形态的感觉、位置平衡觉、听觉、味觉、触觉、痛觉等等。感觉器官在人体结构和生理机理上，同其他系统一样宏大而且复杂。某一些感觉可以在不同的感觉器官相互协调下让认知越来越精细和准确，例如，对物体之间的距离从感觉到认知就离不开不同感觉器官的参与和协调，其中可用眼睛目测物体距离；可用听觉从物体发出声音的大小和变化估计物体与你的距离；还可用触觉摸着二个物体判断之间的距离。正常情况下，由于人的感觉器官是多种多样的，因而对每一个事物可能调动的感觉种类，以及对这些感觉的认知也就随之多样化、全方位，加之意识之间的相互作用产生新的认知，知识的递进成为必然。用数学表达式表示：

$$认知递进速度 = 意识量/单位时间$$

即

$$认知递进速度 = (fn \times N \times M)/t$$

其中：fn 为感觉种类，N 为感觉事物的数量或感觉对象，M 为认知系数，t 为单位时间。

试想，如果没有感觉，那么最初的认知就没有了对象，认知无法产生；如果没有感觉，意识的形成也就没有了物质来源。感觉的对象是物质，认知的对象是感觉和意识。认知的递进速度就是认知再认知的速度。在单位时间内多种感觉面对事物的多样性（如一枝玫瑰花可通过花、叶、茎等多个层面认知）被认知所产生意识的数量有多大极限，在没有科学实验数据之前无法准确回答，但可以肯定，正常情况下成人的认知速度是惊人的。当然，新生儿、儿童、成人甚至个体之间的认知速度存在很大差异，即认知能力的差异或个性化。知识递进原理在人的不同时期或不同个体自始至终不停地发挥着作用，或者说，知识递进原理是客观存在的。

我们不妨重温意识的三个重要特性：

第一，意识的派生性。当提及蔬菜这个概念时你大脑立即派生出瓜果类和叶菜类蔬菜的概念，继而具体地派生出白瓜还是黄瓜，大白菜还是西洋菜等等众多品种通过意识（表象）来呈现；另外，提起蔬菜我就想起今晚一起晚饭的人和事等另一系列具体意识的派生。前者是纵向的，后者是横向的意识派生。前者往往是物性的，逻辑的；后者有时是非物性的，逻辑缺失的。我们把这样一种客观存在的意识派生的重要特性称为，意识的派生性。意识的派生性对知识的递进速度和数量有着直接的影响。无论是纵向的，还是横向的意识派生，这个过程就是发生在大脑里认知再认知的过程。此时意识所承载的就是知识的具体内容。知识的递进量可用以下数学式表达：

知识递进量 = 认知递进速度 × 时间

即　　知识递进量 = $(fn \times N \times M) / t \times T$

你也许会问是否所有的意识都是知识，回答是肯定的。因为意识所承载的一定是认知后带来的知识，尽管它是个人的知识。是否存在认知错误而不列入为知识的呢？回答是否定的，因为对意识来说没有对与错之分，对也好，错也罢，意识只有忠实的呈现。

第二，意识的呈现性。昨天下午你和同事们一起踢了一场足球赛，距球门三十码外你凌空垫球并灵活转身立刻挥动大腿射门，动作一气呵成，顿时一遍喝彩声。当时的情景历历在目，让你久久不能平静。运动中的动作、同事们的笑容、观众的喝彩声以及赛场上景物等等都得到充分的感觉和认知后在大脑里一一呈现。又比如，中国人学习英语，往往是从单词的串写、发音以及对应的中文词组开始的，此时，字母、单词及对应的中文词统统得到感觉和认知后一个个概念（文字作为概念的符号）呈现在脑海里。我们把意识以情景和概念形式呈现的特性称为，意识的呈现性。意识的呈现性对知识的递进来说，是必不可少的条件。没有意识的呈现就不可能形成知识，或不可能完成再认知，后来才发生生理缺失的人就出现这种情形。因此，意识的派生性、呈现性直接决定和影响着知识递进的速度及数量。

第三，意识的支配性。中国的大学生都经历过军训，当听着口令向前看、向左看时，同学们的排列都笔直笔直的。当起步走的时候大家都步调一致，整整齐齐。此时此刻大家的动作完全受控于自己的意识。当你写一份工作计划时，思绪万千。但，很快你会根据文章的主题做出选择，那些内容应深入阐述，那些只提出框架性意见。此时，你要表达的每一个意识都是可控的。我们把意识对行动或思考能完全控制、支配的特性或能力称为意识的支配性。意识的支配性决定了知识递进的发展方向。人们通常说：这人做起事来很有理性，其实是说，此人的意识对其思想和行为控制能力的评价，正是这种控制力表现成为思想上或行动上的理性，此时“理性”决定了个体知识递进的发展方向。

意识三性，即意识的派生性、呈现性和支配性，是意识本身所具备的三个重要特性。知识从属意识（认知）范畴，知识是被意识所承载的内容物，是意识可被再认知的具体化表现。因此，知识递进必需而且唯一地在意识三性的每每相互作用下得到发展和丰富。从发展或现实角度看，知识从海量、具体、形象的意识内容转变成高度概括、抽象、公共认知的概念内容。如果说意识的内容是每个人都能拥有的知识，那么，概念使人类传承共同知识成为可能。讨论至此，我们不难理解知识是如何递进的，因为知识递进原理为我们回答了：人们认知了什么且不断而快速地积累。简单地说，就是认知了我或我们所拥有的全部知识，学海无边，知识无量。

知识递进原理的作用

知识递进原理普遍存在并作用于生物体的成长、成熟和发展壮大的全过程。除遗传因素外，知识递进的作用不但确保物种原来的生活方式，还彻底地改变了人作为生物物种的生存方式。小狮子一出生就生活在狮群当中，跟成年狮子学习猎杀和生活的点点滴滴，成长后一如既往地沿着父辈的生活方式继续前行。小狮子在知识递进的作用下，伴随身体的成熟其生存本领不断进步，一旦成为狮王后，就像父辈一样杀死前任狮王的儿子，却精心照料亲生的儿子，巩固自己狮王的地位，狮群顺从地跟随着新狮王继续前行。经现代考古学证明，人类经历几十万年的游荡生活后，进入有历史记载的几千年，继而用二百至三百年时间获得的惊人进步可以说突飞猛进、翻天覆地。这是一个科技和资讯高度发达、经济全球一体化、政治和文化多极并存的时代。中国 40 年改革开放所取得的巨大成就无疑是人类跳跃式发展的缩影，今天个人的生活实现了互联网和国际化，享受空前发达的资讯传递，九年义务教育直至终身教育，逐渐拥有争取民主与自由的权力，稳坐家里就可以实时观看发生在世界任何一个角落的新闻，在欧美市场随时买到中国制造的产品等等。显而易见，无论是小狮子的生活史还是人类文明的进步史都离不开知识递进原理的作用。人类为什么离动物越走越远，因为生活方式的质变吗？人懂得运用工具吗？我们认为在生存和发展的道路上，人与动物之所以分道扬镳，是在选择与认知的相互作用下开始的，人类几十万年游荡生活的经验积累，从选择到认知，到再选择再认知中去适应自然，改变人类自身。其中最有代表性的选择：站立行走、生火熟食、发明工具、放牧耕种、自供自给、语言文字、文化传承、终身教育、社会制度和资源共享等等。从人类走向文明的一系列标志性选择看，这一切都是知识递进原理作用下人类自身取得的阶段性成果，从过去到现在直至将来这种作用从来不会停止，她将牢牢地把握人类未来的发展方向。

接下来我们还可以回顾以上关于“知识递进量＝认识递进速度×意识派生数量”这一数学表达式。在人类文明发展的进程里，所谓每一次的代表性选择其实质都是长时间里完成的连续性选择，每一次认知所积累的知识量都是巨大的，而每一次的进步都是在巨大知识量基数下的跳跃式进步。倘若把动物某一物种与人类现今所拥有的知识量作一个实验性对比，不难发现人与其他地球生物为何有质的区别。今天个人所拥有的知识和人类所掌握的科学技术就是最好的例证。

连续性选择原理和知识递进原理都是认知的基本原理，前者为我们带来认知并回答了我们如何认知事物；后者为我们带来知识迅速积累并回答了我们认知了什么。两者对人的作用同时存在并连续地相互促进，最终缔造并影响着人们去取得文明进程的每一项成果。至此，聪明的你可能会问，我们所能认知的万物或者说拥有无限的知识究竟有什么用处，认知究竟是为谁认知的？这问题一经提出就不得不严肃地去思考并回答：认知的意义是什么？要彻底弄明白此类问题，还是让我们从认知的第三个基本原理：互为因果原理展开讨论。

互为因果原理

物质运动的因果关系一直以来都是哲学界普遍关心的一个命题，亦是不少宗教教义的根本依据。我们来验证一下大家对因果关系的理解：氢气与氧气燃烧生成水，从物质结构角度看，氢和氧是生成水的内因，而燃烧则是不可缺少的外因；那么水就成了氢和氧在燃烧后的结果。因果关系普遍存在于物质运动和结构改变之中，因果关系让人们彻底明白物质运动或结构的变化何去何从。正因为聚合和分解让我们看到千差万别的事物，从物质分解的角度看，倘若想得到氢和氧，可以通过水的电离而达到目的。言下之意就是氢和氧成了结果，而水成了要取氢和氧的原因。在物质世界里，像氢、氧与水之间因果逆转互换的情形非常普遍。但你的生活经验会告诉你，事物的因果关系不可逆转的情形同样是普遍存在的。比如，父与子的因果关系显而易见就不可逆转。父生子，子不可能生父，只有待以时日成为一位父亲，继续父生子的传承。

物质运动的因果关系为我们进一步洞察事物的内在规律提供了方式方法。也就是说，物质运动的因果关系带来并巩固了人们在物质规律和结构层面上的认知，有了这种认知才可能让大脑里海量的看似杂乱无章的意识建立起逻辑关系，从而有今天所说的逻辑思维。然而，摆在我们面前每一件事情的真相往往不只是由一个因果关系所构成，某一个原因只是一个点，而真相是一个面或由面所构成的三维度情景。在物质世界里因果关系总是表现为一对一或者点对点，氢和氧能生成水，不可能出现铁和锌生成水的因果。所有事物通过感觉和认知形成意识后，事物的因果关系得到尊重是用逻辑思维来体现，而意识是非物质层面的事情，意识一旦形成就可以彻底地摆脱物质运动规律的束缚，意识与意识之间的关系或意识的活动完全表现为天马行空常常背离物质因果关系的发展方向。例如，原始森林的树木枝繁叶茂，明白生物学知识，深知树木生长规律的你一定清楚，没有了土地、阳光和空气树木无法生长，就算你能将树木移植到城市里去，由于根系的破坏、路途遥远和环境的变化等因素的影响树木能否顺利扎根于你想种植的地方都是一个未知数。但你仍然可以随心所欲地想象树木或种到你的睡房里或种到城市嘈杂的马路旁或把树木种遍整个月球，让月球成为地球的后花园。

随着人的成长成熟，在知识递进原理作用下大脑挤满了海量般的意识，无论意识量有多大，每一个意识依然遵从意识三性即呈现性、派生性和支配性，一如既往地表露无遗。一个意识派生出另一个意识，或该意识从另一个意识派生而来，完全可以不遵从如氢和氧生成水这样物质运动规律所固定的因果关系。一个意识与另一个意识发生关系完全是遵从人的需要而建立，这种需要归根到底是人生存和发展的需要，具体表现为本能、自我和欲望的需要。也可以说海量的意识或拥有的全部知识是用来为人的生存和发展服务的。

讨论至此，不难得出以下结论：意识与意识之间相互派生并在知识递进原理的作用下不断增容，只有认知再认知才让人不断地进步。当然，意识既可通过对实物的感觉后认知概括形成，又可对意识的再认知而形成，后者进一步明示意识之间的关系以及活动规律是在意识的互为因果下形成和发展的。意识 a 可派生意识 b，而意识 b 既可派生意识 c，亦可派生意识 a，每一个意识既可以是出发始点又可以成为终点。意识必须在意识之间互为因果的作用下才可能不断壮大发展。认知在温故知新中前进。任何一个意识都可以自由地与其他意识相互作用，再认知而产生新的意识。此时，意识的活动，可以完全摆脱物质运动的因果关系的束缚，彻底地为认知的需要而展开。

我们把意识在人的需要作用下意识的每每因果的活动规律称为互为因果原理。它与连续性选择原理和知识递进原理一样，是认知活动重要原理之一。

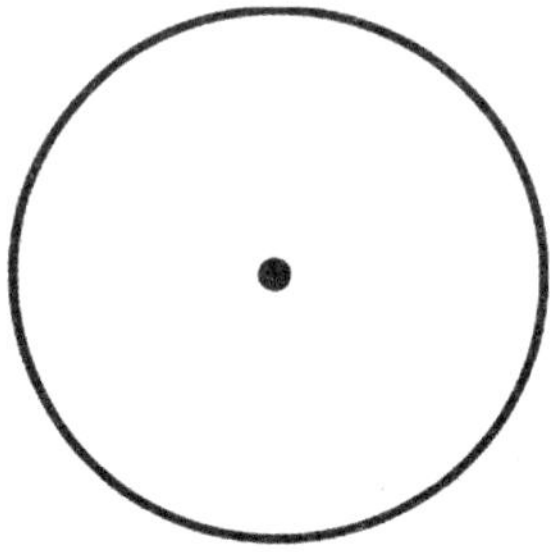

圆

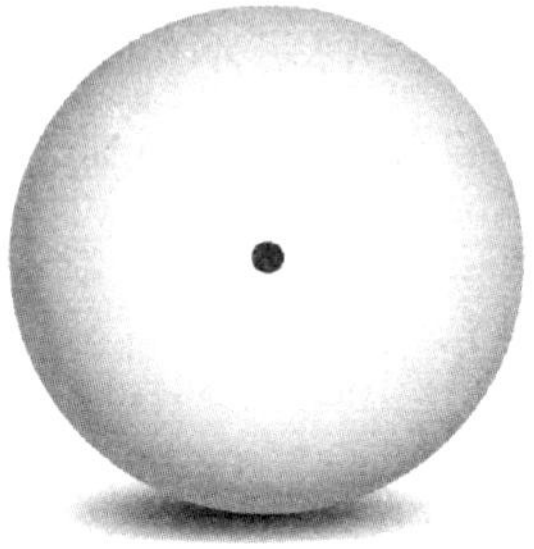

球

意识活生生地活跃在我们的大脑里，它是生命的重要特征之一。每一个意识都可作为一个原点与任何意识发生互动关系，从一个点开始，两个意识连成一条线，在意识之间互为因果作用下成为一个面，甚至形成一个三维的情景。我们可以试图用一个数学几何模型来陈述并深入理解十分抽象的意识活动：地球或小足球都是一个立体的球状物体，球体的正中心是球体的球心，球心可以与球体上任意一个点连成一线，在这条线上向球体作切面，

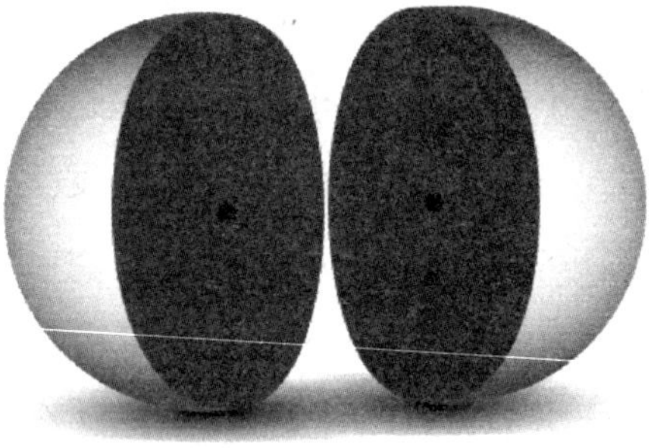

球体切面

那么这个面是一个标准的平面几何的圆形，圆形的圆心亦是球体的球心。圆形周长上的点就是刚才在球体上取的任何一点。球心与圆心是同一个点称为原点，它与圆形周长上任何一点的连线刚好是一个圆周360度，换言之，圆心可以与360度上任何一点作连线。然而，从立体几何角度看，球心与球体上任意一点连线的切面是一个圆，换言之，一个球体以球心作原点可切出无限个圆。很明显，倘若球心可与360度圆上任意一点连线，那么，球心可以与无限个360度圆上的任意一点作连线。（看图）。如果把原点看作意识1，把球体上任意一点看作意识2、意识3、意识4等直至无穷，那么一个意识可以与任何意识发生互为因果关系，并且在互为因果作用下形成无限个圆形平面，而无限的平面构成立体的球体，也就是在大脑里所能呈现的三维意识情景。

互为因果原理的作用

睡眠做梦是每个人生活当中最平常不过的事情，相信几乎所有人都曾有过做梦的经历。一直以来，梦总被人渲染为神秘的事情，有些人为自己的梦拍案叫绝，有些人却带着抑郁一次次迎来新的长夜。我们认为，做梦是一种本能反应，是发生在大脑里活生生的意识活动。在意识的互为因果作用下，展现一片再认知的自由天地。梦的一切表现必定是意识活动规律作用下造就的景象，那些看似杂乱无章、光怪陆离的人文景观，正是意识活动规律的鲜活写照。

《精神概论》一书认为：梦境是意识流的活动在大脑里以表象形式呈现的结果。所谓意识流就是一连串的意识活动，意识流的形成和发展取决于意识与意识之间互为因果的作用下，通过意识的派生、呈现和支配让意识流自由自在地一路前行。无论做梦，还是平时的认真思考、读书学习抑或编写工作计划，都是意识活动的表现形式，不同在于，做梦可以放下一切来自生活和工作的诸如道德伦理、法律制度、文化及宗教以及物质运动规律等的束缚，而在一个自由王国中遨游和审视。因此，从本质上看，意识活动过程就是认知过程。因此，可以把做梦看成是一场认知的总结大会，场面时而华丽壮观，时而悲伤哀怨，时而激昂，时而平静。做梦是意识互为因果作用下取得的现实的阶段性成果，我们相信世上没有一个人所做的梦与另一个人完全一致，梦境在内容上的区别正好说明不同的个体在认知上的差异。当然，做梦可以作为意识所具有的派生能力和呈现能力是客观存在并淋漓尽致得到表现的最好例证。关于意识的支配能力，更多地在日常生活的理性思考当中表露无遗，此时，意识流的活动方向完全受控于主观意志，最终可以完成一份严密而且精致的工作计划。

无论是做梦抑或平日的理性思维，意识的活动一直没有停止过，并且意识之间表现为互为因果的关系。一方面意识之间的相互作用是在人的需要即本能、自我和欲望的需要的驱动下运行；另一方面意识之间互为因果的关系是对意识再认知的过程，不是对具体事物认知后形成原始意识的过程。人的一切认知包括来自物质世界和意识层面的，归根到底都是为人的生存需要而认知，来自物质世界通过感觉而认知的东西成为原始意识的具体内容，在意识被再认知的层面上，人的生存需要必须通过本能、自我和欲望的需要来具体表现，这样一种认知，为每一个意识注入了意义，也是意识之所以被再认知的意义所在。

至此，意识的互为因果原理表明并回答了为谁认知的基本命题：即为人的本能、自我、欲望的需要而认知。

概念和意识同属非物质活动范畴，自从有了语言和文字以后，概念可以利用语言或文字来表达。在生活实践中，人懂得用概念来界定意识的范围，人与人才得以顺畅的沟通；以此同时，公共认知（包括感觉、意识）与概念所达成的互为因果关系，使概念得到更广泛的认同并不断地丰富起来甚至世代传承。概念既是认知的原因亦是认知的结果。

以下一些概念风马牛不相及，看一看他们如何建立起互为因果关系，在互为因果的作用下产生了什么结果。比如，药用胶囊、烂皮鞋、公共安全。

事情发生在2012年，在网上有人揭露我们每天吃的用来治病的胶囊药物当中的胶囊质量上存在严重问题，特别是用来生产胶囊的原材料即明胶是直接用烂皮具或烂皮鞋中的皮料生产而成。经媒体以及有关技监部门证实后，社会上一片哗然。街头巷尾议论的话题比想象还要多，诸如卫生及健康、政府监控、生意、官商勾结、道德底线、公共安全等。药用胶囊的生产所需的原材料是明胶，而烂皮鞋的皮料又可以成为明胶生产的原材料。从生产过程看，烂皮鞋变成生产药用胶囊的原料，两者建立起因有烂皮鞋就有胶囊的因果关系。烂皮鞋生产出的明胶质量低劣，更加不合乎药用胶囊所要求的药用标准。问题是丧尽天良的奸商在利益驱使下，怎样才能让销售出去的药用胶囊利益最大化，正因为如此，烂皮鞋就成了他们的目标或做出选择的结果。此时，药用胶囊和烂皮鞋这两个看似毫无相干的概念在意识层面上看，建立起了一对互为因果关系的意识。在互为因果原理作用下，对于商人可能会获得最大利益；对于公众来说奸商做了一件丧失良知的坏事；对公共安全来说为我们响起了警钟。

不难看到，在意识活动的过程中，意识间互为因果的作用直接地为相互作用的意识注入意义，或者说，互为因果作用使这些意义成为了意识被再认知的直接成果。与其说意识互为因果作用使事物被注入意义，不如说事物因为有了被注入的意义，才让千差万别的事物有了联系的理由。因此，互为因果作用是意识活动的一种基本方式，是知识更新或创新的思想源泉，是人的生活离动物越走越远的根本原因。当然，每个人对千差万别的事物注入的意义各不相同，具体表现为不同的族群有自己的图腾崇拜、不同的政党有自身的宗旨和信条、不同的民族文化有自己的生活习惯、不同的宗教有自己的信仰、不同的政治经济制度有不同的意识形态等等。但归根到底所有的意义都离不开人类生存和发展的需要。从精神层面看，这些需要的具体表现就是本能、自我和欲望需要，由于人的成长成熟的过程就是人的本能、自我和欲望壮大发展的动态过程，所以人的认知从本能、自我和欲望的需要开始；而认知的结果就是不同时期不同状态下的本能、自我和欲望的需要。本能、自我和欲望与认知的关系就是一种互为因果的关系，在互为因果的作用下，人的认知不断积累和进步，最终所有的认知只有一个结果，就是为人的生存和发展而认知，所有的认知内容都为这个认知任务而服务。

也许你曾经在哲学、文学书籍里阅读过一个远久的话题，就是先有蛋后有鸡还是先有鸡后有蛋？要说清它们的因果关系居然成了一个悖论。几乎很难用简单的事物因果关系来说清楚。由于鸡和蛋都不是死物而是一个生命体，还是让我们从生命科学的角度去剖析其中的关系。我试图请教一个学习成绩相当好的中学生，他这样回答：先有蛋后有鸡，因为生物的进化是从单细胞开始再有多细胞组成复杂的机体，而鸡蛋就是一个单细胞。我再试图问养鸡场的一位老人，他说：明明白白看到母鸡生蛋，蛋被孵化成鸡，鸡长大了再生蛋，周而复始。首先要明白，鸡蛋分受精卵和没有受精的卵，而只有受了精的蛋才可以孵化出小鸡，在生物的繁殖里，有两大类方式即：有性繁殖和无性繁殖。受精卵是有性繁殖的成果，交配过程实际上正是遗传物质的交配过程，也就是说受了精的蛋深深地植根了公鸡所带来的遗传信息，一个新生命从此登上历史舞台。说到这里，还必须明白，蛋和鸡可能是同一个生命体，可能是两个不同的生命体。你千万不要认为母鸡生下一个受了精的蛋，因为是母鸡身上掉下的一块肉，所以是同一个生命体。其实它是一个新生命的重新开始。我们必须通过物种的生活史才能对它有一个全面而概括的了解。每一只鸡的生命就从受了精的鸡蛋开始，鸡从蛋开始成长起来的过程就是鸡的一部活生生的生活史。

讨论至此不难看出，蛋与鸡的关系不是简单的因果关系，而是动态的周而复始的互为因果的关系。互为因果的作用使生物体在遗传物质基本不变下，用遗传信息的交换变化来实现与大自然的互动从而获得自身的发展壮大。当你的视野扩展到地球的生物界，你会发现，互为因果原理自始至终作用于物种变化发展的全过程。

从宏观看，地球的生态抑或生物链的形成，互为因果的作用显而易见。大自然在人类意志的驱使下，受到猖狂的开采，造成诸如水源、食品安全、空气污染、温室效应等危害人类生存的一系列问题，这是互为因果作用对人类的报复。人当然是生物体，她的繁衍属有性繁殖，人一生的生活史当然不是从哗哗坠地开始，而是从受精卵着床于母体子宫壁开始，作用于蛋和鸡的互为因果原理，同样作用于人类，并通过遗传不断优化一个从百万年走来的高智慧物种。

互为因果原理不但作用于物质，而且还时刻体现在意识之间互相作用之中，并对摆在我们面前的不同事物注入为生存和发展服务的意义；这些意义为日后进一步形成人的世界观提供了素材；成为语言或文字甚至艺术能创造性发展的根本原因；成为不同文化共存的理由；“美”从此成为人们追求的永恒话题，因为“美”就是人们对事物包含的意义的彻底认同。建立在人类生存与发展需要的意义之上的每对意识互为因果关系成为必然。

小　结

人的思想和行为的核心问题是认知。对认知规律或意识活动规律的研究应当成为人文科学的最具深远意义的基础学科。连续性选择原理、知识递进原理、互为因果原理正是揭示意识活动和认知规律的基本原理。连续性选择原理回答了在强大的大脑功能支持下人对事物是怎样认知的；知识递进原理回答了我们认知了什么即意识活动的具体内容，以及如何得到发展壮大；互为因果原理回答了为谁认知的问题即为人的生存发展的需要，具体表现为本能、自我和欲望的需要而认知，从而为不同的事物注入了意义。以上三个认知基本原理进一步明示：认知包括三个层面上认知：第一，事物表象及结构上的认知，例如事物的形态、大小、色彩、轻重等；第二，事物运动规律上的认知，内容涵盖现代科学各类学科，例如数学、物理、化学、生物学、天文地理等；第三，事物被注入的意义上的认知，例如人与自然的关系、人与人的关系、宗教信仰、国际关系、道德伦理、情感等。

第六节　意识的作用

科学实验告诉我们，意识不是人类所特有的，它普遍存在于生物界，特别是脊椎动物身上。意识是生命现象的重要表征。从生物进化的角度看，意识的作用一直推动着物种的进步，配合基因遗传在物质层面（如器官、系统、结构等）上的进化，大踏步地带领人类走上智能生物的康庄大道并且前所未有地高速前进。意识不仅仅是一种生命状态，更重要的是一种能力，是通过其内容无限伸展的无比强大的能力。意识从简单到复杂，从仅有的存量到总量无限，离不开意识的作用。意识的作用体现在：意识作用于物质、意识间的相互作用。

第一，意识作用于物质。人的一切社会实践或行动都离不开意识的支配去完成，人的意识作用于物质概括起来有两种情形：第一种情形是探索。人类的先祖，面对自然万物一无所知，一团混沌，要生存发展，必须千百次地尝试，身体力行地作用于物质。第一个吃螃蟹的人的情形、摸着石头过河的情形、李时珍尝试草药的情形等，都是人在欲望意识的驱使下作用于物质的具体例证。人类在对自然和社会生活的探索所经历的历史长河中，通过初始的意识作用于物质，积累起无数的常识、经验、知识等。不可忽视，这种方式成为人类获得知识的最初来源。这样一种情形有以下特点：事物在意识的作用下，其运动方向或规律不确定、不可控。就算到了今天高度发达的信息时代，“试错”仍然是人们深入认识事物运动规律常用的方式方法，无论是主动的还是被动的选择。第二种情形是发挥主观能动性。随着意识基数的积累和暴增形成丰富的经验或知识，人的主观能动性得到充分发挥。此时，意识作用于物质就是哲学意义上的意识反作用于物质的过程。此种情形是人们对事物的运动规律了如指掌，其特点表现为在意识的作用下，事物的运动方向或规律可确定、可控制。例如，自由落体的加速度是每秒9.8米，只要知道物体的高度，便可以计算出垂直下落的物体到达地面的时间；水是由氢和氧组成，要得到氢气和氧气只要通过水的电离便可在确定、可控下获得。人类由最初居无定所的游荡生活时代走向宗教、文化、教育、科技生活时代，建立起一整套相对完备的政治经济体系，这一切成果之所以得到传承和发展其根本原因是意识作用于物质所带来的，或者说，是人类顺应或改造自然的必然产物。

第二，意识间的相互作用。具体表现为，一个意识作用于另一个意识，一个意识作用于众多意识，同一范畴的多个意识作用于另一范畴的多个意识（即一个概念作用于另一个概念）。归根到底，意识间的相互作用就是意识活动的最基本表现形式，是人类思维活动的基础。没有意识活动就谈不上思维活动，就没有思维活动的发展、进步。

一个意识作用于另一个意识，最早发生在原始意识之间，比如：婴儿第一次用嘴唇触碰妈妈的乳头，这一触觉被认知产生的原始意识，与此时乳汁味觉被认知产生的原始意识就会相互作用。作用的结果是对乳汁的认知，从而产生“乳汁”这个新的意识。随着对妈妈的气味、声音、容颜等被不断认知所产生的意识之间相互作用，“妈妈”这样一个意识被建立起来，随着人的成长和成熟，知道我、你、他的区别，每个人包括自己都有“妈妈”。“妈妈”从一个原始的综合型意识，在认知再认知作用下，即意识间的每每作用下，成为众多意识在同一范畴下的概念。所以说，一个意识作用于另一个意识是意识作用的最基本形式。

一个意识作用于众多意识，视觉感受到颜色被认知后产生的意识如：“红色”可以放在你认为的任何物件上：衣服、用具、房屋等，“红色”这个意识就可以作用于你思想里任何物件这样众多的意识（一个物件被感觉认知形成一个意识）。其作用的结果，派生出众多有红色表面的物件的新意识。这种情形时常出现在设计专业的思维里。一个意识作用于众多意识是主观能动或创新的基础。

同一范畴的多个意识作用于另一范畴的多个意识，就是一个概念作用于另一个概念，可简单地理解为概念间的相互作用。比如：数学常常被运用到物理或化学研究当中。也就是说，“数学”这样一个概念常常作用于“物理”（或“化学”）这样一个概念，从而产生更多全新的进步概念。越来越多的人认为：科学技术的进步归根到底就是概念的进步。

意识间的相互作用还可以通过意识活动的层次、形态或内容去观察和研究。

一、意识间在层次上的相互作用

弗洛伊德常常运用“意识”“前意识”“潜意识”三个概念，潜意识概念成了精神分析的核心，并且是其整个学说的理论基础。关于这些在“意识的分类”一节里有所论述，并给这三个概念重新定义。实践证明，意识、前意识、潜意识都只不过是意识活动在层次上的变化，不存在谁是冰山的一角，谁又是冰山的大部分。还是通过举例来说明意识间的活动在层次上如何相互作用：我有一个年轻、美貌、贤淑的女友。心里有了她，对发生在我身边的事情都充满热情。与她交往一年多来，从来没有过第一次的性生活（实际上是潜意识，包括本能的冲动），而每一次能和她在一起，都刻意安排出外旅游或特定两人世界的场所（实际上是前意识，因为，与她单独一起的情形可派生或者说想象出多个结果）。虽然这一年来我是快乐的，但，意识上的矛盾一直困扰着我热情沸腾同时又充满憧憬的心。所谓潜意识就是已经存在而可以被回忆起来的意识。所谓前意识就是可以派生出意识的那个意识。这个故事能呈现在大脑里的每个情景都是一个意识，为了更好地了解意识间的相互作用和相互关系，有必要把错综复杂的众多意识分类出潜意识、前意识、意识，从而便于对意识的活动作深入的探讨。意识间在层次上的活动普遍存在或发生在日常生活的每一次思考里。潜意识、前意识、意识的位置或关系是相对的。

二、意识间在形态上的相互作用

首先，要回答这样一个问题，意识有形态吗？形态通常指事物存在的样貌，或在一定条件下的表现形式。意识本身不具形态，无法直观。但由于事物的样貌被感觉和认知，物体的形态反映在大脑里，如果要说意识的形态，那就是物体之像和对此像的理解，它在大脑里既不占空间又无重量，是非物质的东西。比如，一个圆形带把手的茶杯，其形态一旦被感觉和认知成为意识反映到大脑以后，就可以通过“意识形态”这样一种方式重复呈现。更甚的，是茶杯这杯的意识形态立即摆脱茶杯作为物体的束缚，可以变形可以被再认知，茶杯这个意识形态获得新生。或者说，茶杯这个意识形态与其他意识的形态立即产生互为因果的作用。对于茶杯设计者来说，就可获得无数种不同形态及使用功能的茶杯设计方案。

另外，这里所讨论的意识形态是物质形态在大脑的反映，与成了政治术语的“意识形态”有所区别。比如社会主义、资本主义、个人主义、集体主义等等，它已经由意识形成的概念继而组成复杂的观念。与物体形态在大脑的反映即单个意识的形态已经不在同一个层面上。但通过意识间形态上相互作用的讨论，能更好地帮助人们对所谓政治上的“意识形态”有深刻理解。

三、意识间在内容上的相互作用

每一个意识都可以派生为其他意识，或影响其他意识，从而产生新意识或新概念。意识间在内容上的相互作用，不仅发生在不同类别的意识之间，比如少男少女的本能意识与自我意识的相互作用：男孩15岁，女孩13岁，第二性征开始突显，男孩长须，喉结突出；女孩月经来临，乳腺发育，胸前突起。15岁的少年不好意思在同学面前留须，13岁少女出门怕挺胸难看情愿窝着胸走路，都是本能意识和自我意识矛盾的结果。还可以发生在意识内容的层次递进中：从事物的形态及结构到事物的运动规律、事物被注入的意义等，每每相互作用。例如，液态的水（事物的形态或状态），可以通过修建大坝，安装发电机，把势能转化为电能（能量定律），继而产生的电力对人民生活、国民经济带来好处（事物的意义）。意识内容的相互作用是思维活动的基础，充分体现了从感觉到思维的认知过程。

随着概念的形成，知识不断递进，人的思维活动就表现为概念与概念之间的相互作用，概念的内容来自意识的内容。为了更好地探讨海量意识活动，可以利用“概念”把意识内容通过对其包含意义的认知所产生的意识归纳成四种基本意识，即本能意识、自我意识、欲望意识、时空意识。它们之间的每每作用就是概念内容的相互作用，归根到底是意识内容的相互作用。四种基本意识在自身范畴内不断衍生，在为谁认知的层面上看，四种基本意识成了新的意识内容的出发点。例如，本能意识衍生出安全意识、性意识、运动意识、饮食意识等；自我意识衍生出民族意识、文化意识、教育意识、科技意识等；欲望意识衍生出为达到目标需要的众多意识；时空意识衍生出地域意识、时差意识等。如此深挖、探究意识的内容，目的是为弄清楚人的思想和行为的真相寻找方式方法，对于准确判断一个人的精神状态有直接帮助。

第七节　意识流与造梦

什么是意识流？从生理学角度看，意识流就是伴随大脑意识活动的神经生物电流。大脑的意识活动通过脑电图机取样就是例证。但是，我们只可看到脑电波的波形、峰值、密度等，只可判断大脑活动的兴奋或抑制，或尽可能地把某种波形与某意识的内容（如，臆想遥控飞行器起飞等）作一一对比，视某一波形为对应某一意识的替代符号，然而对意识的准确内容仍然一无所知，无法解码。但对意识流的深入研究，却能为未来真正的智能技术打开一扇门。

从意识内容上看，意识流就是一连串的意识活动。那么，何为一个意识？感觉被认知生成一个意识；意识被重新认知可生成一个意识。意识没有重量、体积的大小之分，只有意识内容的多少之分，一个意识又如何形成意识流呢？虽然，每个意识在意识的活动中都能在层次上、形态上、内容上表现出来，但，事实上意识的活动都不可能以单个意识孤立存在，总是一连串的、动态的、有无限发展方向的活动。

然而，一连串、动态的意识活动又是怎样形成的？意识活动的发展方向何去何从？意识一旦在大脑形成，“意识三性”立即发挥作用，事物的形态立即通过意识的形态得到呈现；意识的形态和内容立即被派生，迅速转变成一连串的意识活动，并且可无限延伸；在清醒状态下，意识的活动方向可随意地受意识的支配性所控制，任意叫停或改变意识的内容及其发展方向。当然，意识活动的方向也可以被意识的倾向性所左右，比如造梦、书写、说话等。

意识流是怎样形成？往什么方向发展？每一轮新的意识又怎样被激活直到完成？不妨举一个日常生活中计程车的例子和造梦的例子加以说明。

广州人习惯把珠江以北称之为“河北”，珠江以南称为“河南”。我住在河南洛溪桥再往南走的番禺区，友人则住在河北越秀山附近的流花路。一日，我与友人一起在中国大酒店共进午餐后，打算送友人回家。我们步出酒店门口，已经有计程车在等候，我跟司机说，先去流花路放下友人，然后再往洛溪桥。当我把目的地告诉司机，司机不到五秒钟就做出反应，并启动车子，此时，司机新一轮（相对之前的载客）的意识活动被激活，意识形成后，立刻派生出要到目的地的线路图（意识形态的活动总是首当其冲），并行动起来。于是计程车载着我们从酒店出发，经过流花路，再选择过人民桥，往工业大道方向和洛溪桥开去。此时，目标即欲望，成为激活每一轮意识活动的诱因或必要条件；目标，成为海量意识的检索器，而每一个意识却成为思维活动必不可少的材料；目标，驱使意识形成意识流，并引领意识流的发展方向。

以上的例子，在意识间相互作用下所形成的意识流，可以用代数来表达：假设司机等候时的意识为前意识 A，我上车后告诉他要去番禺，他在大脑里立即产生“要去番禺”这个“目标”C，C 作用于 A，然后有了启动车辆以及行驶方向的意识 B，意识 B 立即成了另一个前意识 A1，在接踵而来的另一个“目标”C1（如，要绕道但可节省时间的路线）的作用下，产生新的意识 B1（如，决定走高架桥）。如此类推。

“A ⟶（在目标 C 的作用下）⟶生成 B = A1 ⟶（在目标 C1 的作用下）⟶生成 B1 = A2 ⟶（在目标 C2 的作用下）⟶生成 B2……”如此类推，直至无穷。

人在清醒状态下，意识流往往由目标激活并引领其发展方向。那么，人在睡眠状态下，造梦，这样一连串的意识活动，即意识流又是怎样形成并发展的呢？

假设入睡前的意识为 A，称为前意识；意识活动中的梦景为 B，称为梦景意识；促使 A 转变成 B 的意识为 C，称为潜意识。入睡前的意识要转变成某一梦景，必须在潜意识的作用下形成。而梦景意识 B 随即变成下一个梦景意识 B1 的前意识 A1，当然是在另一个潜意识 C1 作用下转变成 B1，如此类推，沉淀在大脑记忆里的无数潜意识翻江倒海般涌现，不断作用于前意识，产生新的意识，即梦景，如果说一个画面就是一个梦景的话，多个画面重叠组合，最终就是让我们或能回忆起来的一系列光怪陆离的人文景观，即梦境。这就不难理解为什么连续造梦了。由此可见，梦境的呈现，恰恰有力地说明人在造梦时意识流的不断变化。

也许你还是存有疑问，为什么每一个梦之间往往表现出毫无关系？即，一个晚上有好几个梦境出现，每个梦境之间并无关联；或同一个梦境当中，也经常有不相关联的事情搭在一起。因为，大脑贮存的潜意识是个海量，被调动起来的潜意识可能是白天集中思想的，也可以是随机的，或此时的梦景从属某一概念之范畴而被派生的等等。造梦时的潜意识作用于不同的前意识，产生新的意识，最终形成梦境。值得注意的是，成年人或经历丰富的人其梦境往往比未成年人的造梦内容来得更为丰富而复杂，儿童的梦简单而清晰。因此造梦这样一种意识活动与人的年龄和经历有着密不可分的关系。同时，被记住的梦境多数是景象、具体场所、人物和要做的事情等，意识形态清晰可见。这也说明了以意识形态方式呈现的意识活动最为常见，也是最容易被人理解的意识活动。

另外，意识可通过造梦来呈现，抑或梦境可被回忆都向我们进一步明示，人类记忆的对象是意识。换言之，你要记住所有的事情必须通过感觉和认知，形成意识后才能在大脑里得以呈现，这样才能有被回忆的可能。意识流的提出，也许从真正意义上解释了造梦原理。

人们在日常生活里，最容易被领略到在自主意识非常清醒状态下和睡眠造梦等不由自主的状态下的意识流变化。然而，这两种状态下的意识流有何区别，我们不妨作一比较。

清醒状态下：驱使意识流形成和发展的是“目标意识”。此时，目标意识是明确的、主动的、逻辑严密的。

睡梦状态下：驱使意识流形成和发展的是“潜意识”。此时，潜意识是不确定的、被动的、逻辑缺失的。

虽然两种状态下的意识流其形成和发展的轨迹不一样，但，目标意识和潜意识所引发的意识流亦会同时出现、同时起作用。例如，语言陈述和文字的书写，其意识流的形成和发展就直接受到目标意识和潜意识的双重作用，从而表现为脱口而出、书写畅顺。一个人与别人谈话时思维敏捷，其实就是受到目标意识的驱使和随着潜意识的变化而能及时变换讲话内容所至。

意识流的物理性表达

以上关于感觉、意识等章节的阐述，完全站在感觉、意识其内容的发生、发展及其活动规律（即非物质活动规律）的基础上展开讨论的。意识流作为意识的动态形式的存在，一定有其物理或生理的基础。或者说，意识流的物理性、生理性又如何表达呢?

千真万确的事实是，当意识流作用于神经细胞的时候，可产生神经电信号，通过神经细胞表面或神经突触迅速向外扩散。神经电信号通过体神经作用于肌肉，可让你随意举起双臂或迈开步伐向前走等等一系列身体动作。脑电图机器就是利用了神经电信号这一特性制造的。脑电图测量的实际上就是大脑（意识）活动并作用于神经细胞所产生的电流或电压的变化记录。换言之，意识流的变化必然导致脑电波的变化，意识流的出现或改变，必然伴随电能量的转换或改变。这便是意识流的物理性表达。

与其说意识流的物理性表达，不如说意识流的活动必然引发生物体的物质代谢和能量代谢的变化。意识流的活动就是大脑神经中枢无数的神经细胞参与的有规律性的一系列活动。

大脑神经中枢的神经细胞已经高度分化，可以明确划分不同的功能区域，例如有感觉、运动、躯体、内脏、声音、语言等功能区域。神经细胞通过突触互相联系形成复杂、强大的反射弧，从而完成每一次的神经反射，其结果可能是一次躯体的运动，可能是胃肠的蠕动，可能是腺体的分泌，可能是一连串的意识活动（即意识流）。神经反射是神经系统最基本的活动方式，神经反射必须依靠反射弧来实现。或者说，意识活动或意识流的变化全然依赖神经反射来完成。比如，一连串的讲话或一连串的动作都必然在意识流的支配下由神经反射来完成。

意识流既是一连串的脑电波及神经细胞生理的系列变化，又是大脑神经中枢能被觉察的一连串形态或理念的系列变化（又称为意识内容的一系列变化）。意识流像时空一样对每一个人都表现得既熟悉又陌生。她每时每刻都被我们所运用，构成如语言、书写、回忆、梦景、思考等一切认知过程必不可少的表现形式。为了更好地理解意识流这样一种基本的生命指征，有必要重温一下意识的形成到运用过程中其反射弧是如何被建立的？从而，深入了解意识流的物理性表达和意识内容活动变化的物质基础之结构（反射弧的建立）。

无论是来自于眼睛对光波的感受（如你见到的文字、图案或自然物），还是来自于耳朵对声波的感受（如你听到的语言、音乐或自然之声），皮肤对温度的感受，位置平衡的感受等等，无不转换成神经电信号，通过传入神经直达神经中枢的脊髓或大脑，大脑不同功能区域的神经细胞形成多层次、复杂的回路，认知概括后形成意识。此时，每一个意识都不是单独和孤立的，意识要么在意识的相互作用下不断派生（如梦景），要么形成概念参与思维活动，要么成为记忆的原始材料，再要么在欲望的驱使下引发一次行动，诸如发音说话、书写以及举手投足等等。此时，大脑中枢的意识作用于神经细胞，产生神经电信号，通过传出神经纤维，用神经电信号作用于肌肉引发收缩或舒张，或作用于内脏如腺体分泌（唾液）等，最终完成反射弧建立的全过程。比如，舌头配合上下颌肌肉的活动所发的声音、上肢肌肉的配合所形成的书写动作、望梅止渴等。随着你不断地重复或学习，发音越来越准确，书写越来越精美。以上对神经电信号“传入”“传出”的描述，正是条件反射依靠完整的反射弧完成的全过程。意识流的复杂变化总伴随着神经反射的复杂变化。

每个人认知水平存在的差异，与其习得的无数的条件反射的形成有着必然的关系。过去习得的条件反射会成为新一次条件反射的对比基数或参照系；意识是思维的基本材料，无数的材料将成为新一轮意识形成的对比基数或参照系。意识的形成总伴随着能量形式的转换，如光、声、温度等转换成神经电信号，直达神经中枢引发神经细胞一系列复杂的生理及生化指标的变化。

意识流在大脑的反映，不是连续的形态就是连续的理念（可称之为概念流），意识流内容本身不是电流，只有作用于神经细胞，才可以引发包括神经电信号在内的生理、生化反应，并与意识流内容的活动相对应、相同步。

意识流的物理性表达与意识内容的活动变化之间的关系如何？按照今天的科学技术水平，完全可以通过系列的实验设计来完成，包括意识流的科学量化和分类以及相对应的生理生化实验，从而帮助破译脑电波当中所包含的意识流之实质。如此，智能电脑就能完全读懂人的脑电波里面的思想，人脑与电脑获得无障碍的交流，人类所追求的智能电脑、智能机器人等一切智能工具才能说真正地、飞速地发展，人类定从国际互联网的时代走向智能化的宇宙时代。我们深信，随着对意识进行不断深入而具体的研究，意识流得到广泛的应用，人们回到同一出发点上看待事物的变化，人类文明的进程将逐渐进入人与人、人与自然和谐相处的新时代。

第五章

概 念

人们对自己某一次经历的回忆，或某一次梦境中人文景观在大脑的反映，都是意识流变化被“觉察”或者说被再认知的体验。此时，意识流的变化就是物体形态或人物形象的变化。然而，海量的意识流没有形成概念的话，知识难以传承。学习的知识越多，在大脑里形成的概念越丰富，通常情况下，理智的思考都几乎表现为概念流的变化。问题是，你曾经问过自己，概念是什么？概念的出现对人类有怎样的意义呢？概念流的变化或规律对人的思维有何影响？

概念是连续性选择的成果，概念是知识递进的原始材料，概念是互为因果的对象。概念让人类精神财富得以传承和发展成为可能。

第一节　概念是什么

在搞清楚概念的定义之前，我们看看现代认知心理学对概念以及范畴的描述：概念（concept）是关于物体或其他实体种类的心理表征，而范畴（category）是包含于概念中的物体的种类。(《认知心理学》，华东师范大学出版社2009年版)

既然概念包含范畴，那么概念就不仅仅是一个物体甚至多个物体的心理表征，而应该是某些物体种类的心理表征的概括，而且还应包含抽象意识或抽象意识的再概括。即便如此，我们认为《认知心理学》一书对概念的定义还是不准确的。我们要回到概念的发生发展的过程中来剖析概念本身的含义。

回顾前面的章节，不难知道，意识是有内容的，而意识的内容最初都从感觉开始，自然事物被（感受器）感觉并在大脑反映，继而被大脑所认知，从而形成意识的具体内容，某一意识的内容就成为某一事物的心理表征。当越来越多事物一对一的心理表征，被“范畴”所概括，才可能有概念的出现。概念一旦发生，在意识呈现性、派生性、支配性作用下，概念必然会不断发展，概念同样遵从意识“三性”的活动规律。

概念可以被呈现、派生、支配，便是人们主观能动性充分而具体的体现。比如，“蔬菜”是一个有明显范畴的概念，包括有叶茎类蔬菜如菜心、菠菜、白菜等；根茎类蔬菜如萝卜、红薯、地瓜等；果实类蔬菜如番茄、丝瓜、黄瓜等。当有人提及蔬菜时，你脑海里自然会呈现出菜心、萝卜、番茄等某一类或某几类品种的具体形态，还可以在关于蔬菜的种植、功效、加工、烹饪、菜式、饮食健康、饮食习惯等概念上不断派生，产生新的意识内容，形成新的概念，并且这些呈现和派生完全受你在清醒状态下的主观意志所支配，大脑可以想或者不想。对“蔬菜”概念的描述，让我们更清楚地看到：概念遵循的呈现性、派生性、支配性综合来看就是思想的主观能动性；概念所遵循的“意识三性”构成人类思维活动的最基本规律，或者说，概念用这样一种方式构建起人类思维活动的基础。概念一旦形成，在意识三性的基础上，概念的特性立刻被凸显，第二节将专门阐述概念三性。

综上所述，概念从何而来？又往哪里去？其线路图已经十分清晰。概念从意识（内容）而来，往构建思维而去。意识内容是概念的材料，概念是思维的重要材料。值得强调的是，从感觉到意识，再到概念继而引发的思维活动，每一步都是认知带来的，是认知的伟大成果。

我们认为概念的定义：概念是意识和认知的概括，是思维活动的组成单位。从物种进化和精神进步的角度看，概念的出现和运用是人类走进文明的最重要一步。从认知的原理上看，概念是连续性选择的成果，概念是知识递进的原始材料，概念是互为因果的对象。概念让人类精神财富得以传承和发展成为可能。

以上对概念的定义主要强调概念的由来（或原始出处），概念是意识被认知而产生的，在大脑认知功能作用下，人开始认识的最原始、最基本的概念是由若干个意识被概括形成的；倘若从概念的发展来看，这样的情形不能忽视，概念被再认知后可以生成新的概念，概念无重量、无体积，只有内涵的变化。比如，叶茎类的菜心和根茎类的萝卜以及果实类的西红柿等农作物被逐一认知概括后生成“蔬菜”这样一个概念，如果对“蔬菜”这个概念作进一步的再认知，就会生成一个范畴更广阔（或全新范畴）的全新概念，比如“食品”。而“蔬菜”就只是千百种“食品”当中之一种食品。正是有了概念的海量般地不断递进式发展，才会有人类文化、教育、科技等文明进程的飞跃发展。

概念是连续性选择的成果。也就是说概念是认知的成果，因为连续性选择带来认知，带来产生概念的相关意识内容。原始概念的形成离不开连续性选择原理的作用下对相关意识的再认知而产生。当然，另一种情形是连续性选择的对象是概念本身，某个概念被不断运用，即不断作用于其他概念而产生新的概念。

概念是知识递进的原始材料。没有概念的出现就没有知识结构或系统的形成，言下之意就是知识由概念组成。概念之间的逻辑关系成了你要表达知识的纽带。那么，为什么说人类知识的积累是递进的呢？因为人类面对自然万物所形成的意识内容是一个海量，意识被再认知形成的概念也是一个海量，如此大数据下的概念派生，必然在不同方向的逻辑关系中递进发展，构成你不同于别人的知识结构或系统。因此，概念理所当然是知识递进的原始材料。或者，可以这样理解，在知识递进原理作用下，作为原始材料的概念被激活成为人类智慧标志的知识结构或系统。当然，知识可理解为广义的，全人类所拥有的知识；或狭义地理解为个人所具备的知识。个人所具备的知识还可细分出两部分来描述，其一是个人拥有概念量的总和，其二是个人拥有公共认知的概念量。在通常情况下，所谓“知识”容易被理解成为，通过不断学习获得可被交流的有公共认知的概念，实际上个人拥有的概念，也是个人知识的组成部分。

概念是互为因果的对象。互为因果原理是认知规律的重要原理，它是相对于物质运动规律最基本的因果关系而提出，物质运动的因果关系是物质运动客观存在的基本规律并为人类所认知，而互为因果原理却是认知本身的规律，从属于非物质活动规律范畴。另外，虽然概念无空间、无重量，但每一个概念在内容上都有其不同的范畴。概念之间的互动可摆脱物质运动规律（包括因果关系）的束缚，尽管一个概念与另一个概念看似风马牛不相及或其内容差之千里，但概念之间总是找到每每相互作用的理由，而这样的作用关系就是互为因果的关系。其实，这个理由是充分的，因为人所掌握的概念每每从认知意义的层面看都离不开“生存与发展”的重大意义。比如，大自然的山、水、动植物等，人类社会的政治、军事、经济、教育、科技等，无一例外地与人类的生存与发展息息相关。或者说，互为因果原理的作用使任何一个概念都可成为另一个概念相互作用的对象。概念之间能成为互为因果的对象，恰好让我们找到了人类主观能力为何远远超越其他物种的有力证据。同时，让我们清晰地看到概念创新或理论创新的路径和原理。

概念让人类的精神财富得以传承和发展成为可能。综观生物进化历史和人类发展史，不难看到，在生物界，从植物到动物，从低等到高等，存在着这样一个进化进步的规律：从无意识的生物到有意识生物，再到概念以及思维的出现。概念把人类百万年积累的意识（或经验）进行概括，概括形成的概念有目标性地不断向前发展。特别是出现语言文字作为概念的载体后，人类的思维能力或智慧在这个星球上无与比伦。因此，没有概念的出现，就一定不会有语言文字、文化教育及科技等今天人类赖以生存发展的这一切。

第二节　概念的抽象性、创新性、社会性

我们重温一下意识的三个重要特性，其一是意识的呈现性，即对事物表象的认知都可以在大脑里随意地一一得以呈现，意识的表现生动而丰富多彩。其二是意识的派生性，即意识派生意识，包括主动派生，如你要搜索记忆里曾经有过的事物表象（如红色的玫瑰）；被动派生，如随机而连续的梦景等。其三是意识的支配性，即意识可支配每一个动作的完成，可随意改变思路。那么，概念又有何特性呢？

第一，概念具有抽象性。相对于意识的呈现性而言，概念所包含的信息量大，她不可以用某一简单的事物表象来全然表达，概念的出现完成了从意识的具体事物的认知到事物的综合抽象的认知。概念的抽象化是概念的重要特性，所谓抽象化就是概念内容从简单到复杂，从具体表象在大脑里呈现到不必呈现而参与更为复杂的大脑思维中去。抽象化是海量具体表象被高度概括的必然结果，它不是简单数量上的浓缩，而是准确无误的表达。

比如，“蔬菜”这样一个概念，从表象上理解有：叶菜、根菜、果实等；从内部规律看，不同种类的蔬菜其种植方法、环境条件、结构组成、含量功效等都有所不同；从意义上看，蔬

菜的形态、颜色、功能、谐音等都可以被注入不同文化或宗教上的意义。蔬菜这个概念的思考或交流可以完全抽象化地运用，诸如蔬菜生产、蔬菜市场等，此时“蔬菜”这概念不需要在有关蔬菜问题的思考当中被呈现，却丝毫不影响思维的完整性。其实，每一个概念都可以在认知的三层面（表象、内部规律、注入的意义）上高度概括，抽象化后运用到思维或交流中去。随着人类生活的高度社会化，文明的不断深入，概念抽象化的特性或现象越来越明显，诸如，政治、军事、经济、教育、文化、互联网等不胜枚举的高度抽象化的概念层出不穷。概念的抽象化概括是概念参与思维过程的重要形式，是认知能力在生物界一次飞跃式的提升。

第二，概念具有创新性。相对于意识的派生性而言，概念的创新性是主观能动的具体表现。意识的派生通常处于被动性的派生，比如造梦等，通常表现为自然状态下（睡眠）不断改变看似不相干的梦的内容。当然意识也可以主动派生，而概念的创新更加表现为受目标指引下的主观能动。概念的创新当然不是文字上简单的重新组合，或概念数量的简单增加，而是概念内容的变化，其内容或来自新生事物，或对未知领域的综合认知后主动选择而形成。概念的创新在人类历史长河里从未停止过，而且随着文明发展的速度越演越烈。

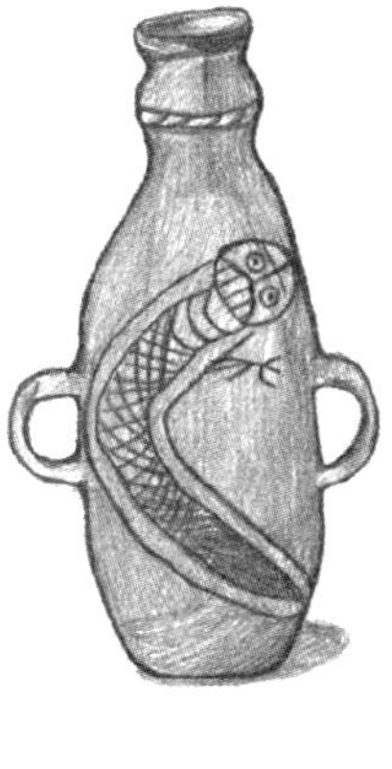
人面蛇身陶壶

仰韶文化里的陶器——出土的“人面蛇身”陶壶，年代可追溯到新石器时期，那个时期还没有出现“龙”。远古时，蛇先于龙作为图腾被崇拜，后来出现“龙”，以蛇身为主体，有兽类的四脚、马的毛、狗的爪、鼠的尾、鱼的鳞和须。这样一些“人心营构之象”的创新，其活跃、丰富、具体的意识表象被抽象化后创造出“龙”的全新概念，进一步地如龙袍加身、龙凤呈祥等寓意，并一直应用于祭祀、礼仪、族群团结、民族认同等方方面面。如今，概念创新最活跃、最迅速的领域当数科学技术和互联网产业，新概念日新月异，层出不穷。人类的进步不仅仅是物质的丰富，更重要的是概念推陈出新般的进步。

龙的结构组成

中国图腾——龙

第三，概念具有社会性。概念是否是社会发展的产物？先有概念后有社会还是先有社会后有概念？我们说，概念的社会性具体表现为概念的公共认知。比如“龙”这样一个字已经成了一个完整概念的符号，之所以是中华民族的图腾，其实质就是民族认同，“龙”具有高度的公共认知，加之应用于方方面面的社会活动，“龙”作为一个概念其社会性显而易见。语言文字作为概念的符号理所当然地成为社会性生活，人与人沟通、交流、认同的工具。概念的社会性是人类社会形成和发展的基础，而社会发展本身又是概念创新、进步的重要力量。意识同样具有社会性，比如，狮身或人面的意识表象，或某个肢体语言（即举手投足）等都可得到同类的认同，动物原始的社会化生活就是这种情形，然而，概念的社会性是认知能力进步的里程碑式的伟大成果。换言之，人类社会性生活，完全从动物只能依靠的“意识社会性”生活当中走出来，迈向“概念社会性”生活的文明进程的快车道。当然，谁都不能保证人类的文明是否“朝着镣铐的方向奔跑着，满以为这样便可获得自由”的可悲生活前行，人类从有历史开始就试图通过习俗、宗教、政治意识形态甚至武力来回答此类问题，但终归应回到人类认知的出发点，即认知的内容及其规律上来。

我们把概念的抽象性、创新性、社会性简称为概念三性。概念三性即概念的特性。概念三性与概念内容是一个互为因果的关系，概念三性是一个整体，同时作用于概念的内容，让海量的概念内容得以综合、整理、规范、发展，从而获得公共认知后，形成人类的共同财产“知识”。同时，“知识”亦在概念三性作用下不断创新和发展。

概念三性与大脑的结构及功能密不可分。概念特性所发挥的作用，是大脑的功能作用，如果没有大脑的物质存在以及庞大的认知功能，那么概念的特性没法显现。大脑神经中枢接受的神经电信号刺激，一开始来自各感觉器官（如眼、耳、口、鼻等）对光、声、温度等进行能量转换而成，并且形成各种神经反射，通过建立起的反射弧来完成每一次刺激而引发反应。神经电信号对大脑中枢的刺激却轻而易举地浮现出事物表象

（如颜色、形态、味道、声音等）的认知（即意识），或事物内部规律及其意义的认知（即概念）。换言之，大脑浮现某一概念（内容）所引发的复杂思维也都是依赖神经反射来完成。我们可以随时随地用熟知的任何一个概念进行深入思考，任何概念（内容）都可即时引发大脑中枢一系列的反应。于是，我们可以有以下的假设：概念的内容之所以能在大脑里得以呈现，是因为一系列的神经反射在相关的神经细胞之间通过神经电信号的相互作用下形成的。这时候，这个概念（或意识）的内容成为引发一系列复杂思维活动的刺激源。人类生活经过几百年的连续性选择，大脑的结构及认知功能日臻完善。我们相信，人类拥有的智慧型大脑还会在海量的概念内容的刺激作用下，不断完善、巩固和发展其已经无与伦比的功能。

第三节 概念的功用

科学实验已经证明，很多动物种类都具备了意识的反应及对意识内容的理解（即认知）。但对完整概念的理解和运用能力是否为人类所特有，还需要更多的科学实验来证实。有一点可以肯定，人类对概念的理解和运用的能力，一定是地球上其他物种所望尘莫及的。人类文化和科技的空前发展已经证明了一切。既然概念的运用能力如此之重要，那么概念本身有何功用呢？

第一，概念可作为认知概括的材料。概念由对意识或观念进行概括而产生，不断的经验积累或学习铸造无数的新的概念。每个人来到这个世界，第一次用自己身上的感受器官去感觉第一个物体的时候，被认知产生的意识（内容）一定是最简单的意识，可能是物体的表面颜色，可能是物体的一个侧面或物体的一个状态（包括情感状态）等，随着认知的不断深入，生成丰富多彩的意识成了必然。在大脑认知功能的作用下，众多相关的意识，即意识内容的范畴被认知而生成概念。众多简单的意识被概括成原始的概念。这里所说的简单意识是指未经派生的原始意识，往往来自你对该物体第一次的认识。比如，你最初只认识一种小白菜，从来不知道小白菜有其他品种，小白菜这样一个概念就只是对这一种小白菜的大小、形态、重量、颜色等直接认知而产生的相关意识中形成，我们把这样的概念称为原始概念。随着概念内容及范畴的变化，概念永无止境地向前发展着。比如，你首先认识了广东的小白菜，后又认识了上海的小白菜、湖南的小白菜……最终在大脑里形成的小白菜概念，已是对不同品种小白菜相关概念的再概括。随着你对小白菜、萝卜、冬瓜等概念的深入认知，这些相关概念被概括出“蔬菜”这样一个新的概念。随着对蔬菜食用上的搭配、烹饪的方法、营养成分及含量等等的不断认知，新的概念层出不穷。所以，概念一旦成为认知的材料，概念势必得到无限发展。

第二，概念可用于沟通和交流。概念具有社会性，具体表现为概念的公共认知。换言之，倘若概念没有公共认知，那么人与人就难以沟通和交流；如果概念不能沟通和交流，那么概念的公共认知也无法达成。正是概念的社会性，确保人类文明及智慧得以传承和发展。概念有了公共认知，知识（包括情感）才得到印证与继承。概念的沟通和交流之功用，促进了概念的社会化进程，概念转变成语言和文字成为可能。比如，以上提到“蔬菜”这个概念，当你读出其发音或书写出来，大家是全然明白的。

第三，思维的内容是通过概念来组织和展开的。思维的每一个内容都可以用概念来陈述，比如，要对物体的运动状态进行思考，可以用物体运动的“距离”、“速度”和“时间”这三个概念来陈述，即“距离 = 速度 × 时间”。再比如，对家庭关系的思考，可以用父母、妻、儿、兄弟、姐妹等概念来陈述。在思维活动中，概念成为引发思维的直接刺激源，搭建并联结起思维内容之间的“逻辑”关系，成为思维内容深入展开的推动力。

第四，概念是构建思维活动的组成单位。从概念的由来看，概念把相关意识的内容在一定的范畴内概括而成；从思维的发展进步看，概念把思维活动复杂而丰富的内容区分开来，同时把这些内容的关系建立起来。因此，概念所承载的内容在思维活动中是一个完整的整体，概念之间的相互作用构成思维活动发展的主线，让思维的内容得到归纳、推理，从而派生出无限的发展空间。因此概念是构建思维活动的组成单位，意识是组成概念的基本材料。

第五，概念是物种进化、精神进步的重要标志。我们在《精神概论》一书中认为，生物物种的进化是双轨制的，一方面遗传物质的变化引发器官或结构上的改变；另一方面认知上的不断进步而引发精神上的进步。概念的出现正是认知发展进步的重要成果。只要细心观察，你会发现在很多动物身上，都存在着意识活动这样一种客观存在，脊椎动物尤为明显。再看看人类，把认识的事物（包括情感）概念化继而其数量递进发展并形成更为精彩的思维活动。其中，概念在精神进步的发展历程里扮演着承前启后的重要角色。没有概念的出现，人类不可能对摆在面前的事物有系统化的认识；没有概念的运用，人类的语言文字、文化、科技、社会制度等就不知为何物；没有概念的传承和传播以及海量递增，就不可能有今天看似理所当然的人类思维。

第四节　语言与文字是概念的符号

既然，概念从意识中来，其内容又被范畴所概括，因此，我们有理由相信先有意识，后有概念，有了概念才让语言和文字获得更准确更广泛更深入的交流。当语言和文字一旦成了概念的符号，人的大脑（思维）就得到无限延伸；人类的智慧（包括，文化、科技、情感）就有了更好的传承和发展。当然，语言和文字本身就是人类自己缔造的文化的重要组成部分。

语言用发音来表达，用耳（听觉）来听；文字用手来写，用眼睛（视觉）来看。语言和文字的理解和运用都必须经过学习而获得，是后天习得，不管母语还是外语。要说对于语言与文字的熟练掌握，无论是舌头与耳朵，抑或是手与眼睛流畅的配合，算得上名副其实的精细活，甚至有的语句还需要语调或语气增强其感情色彩。这一切的学习过程主要包括两个方面：第一，对于某一语言或文字的发音或书写，舌头与耳朵、手与眼睛都必须建立起稳定的条件反射，即是多次重复的练习，准确说，靠连续性选择原理的作用，才能有准确的发音或书写。此时，语言和文字与背后代表的事物相对应，语言和文字牢牢地成为概念的符号。第二，概念、符号以及所包含的内容建立起相对应的关系的同时，重要的是对概念内容的学习，即对知识的学习。所谓知识，简言之就是概念内容的总和。从来源看，知识要么来自于直接经验，即对世间万物的直接认知；知识要么来自于间接经验，比如从书本上学到的。语言和文字所代表的概念，其内容的认知同样离不开连续性选择原理的作用；同时在知识递进原理的作用下，所获得的知识得到迅速的扩展；语言和文字作为符号与其相应的概念内容在互为因果原理的作用下不断变化发展。

语言和文字一旦成了概念的符号，语言和文字就是学习的对象，就是传播和交流的工具，就是人类文明进程的记录者。

我们不妨通过拆字或解字的某些例证来观察作为形、声、意符号的中国文字怎样随着时代的变迁，其内容与符号之间变化的轨迹，从而进一步深入理解，语言与文字作为概念内容的符号又是怎样发生和发展的。具体表现为，意识如何转换成概念，意识与概念的关系等。

汉字的起源有各式各样的传说。其中最多人认同的一个传说，讲述黄帝手下一位名叫仓颉的史官如何观察飞禽走兽的足迹，并注意到每个动物的足迹都具有可分辨性，于是他把每个物体画成画，后简化线条的数量，这就是最早被汉代语言学家许慎所称的象形字。

比如，女人的“女”字，在最早的象形文字中被描写为一个弓着腰的女子形象，后来为了书写的方便被简化为一个女人谦恭地跪着的样子，现在所用的“女”字描绘的则是一个站直腰身而大步追赶的姿态（见图）。

从一个女人弓着腰到跪着的样子再到大步追赶的姿态的表象认知而描绘的象形文字的变化，可窥视到人们对“女”人最初（印象）意识内容的变化。直至到关于“女人”的众多意识内容在范畴内被认知，“女人”这样一个概念应运而生。再比如，好极了的“好”字，古人把表示女孩或女儿的“女”字与

“女”字的演化过程图

表示小孩或儿子的“子”字合在一起形成一个“好”字来表达友善或优秀的意思。老百姓通常认为，成家立业，生儿育女，家庭当中既有儿子又有女儿当然是一件好事或幸事。“好”字在日常生活中好容易形成有丰富内容的概念，如，好吃、好看、好听、好感等等。

文字的形、声、意的变化记录着意识内容特别是概念内容的变化，这样的变化无一不是从远古走向未来，并带着重要的历史性意义。倘若我们对语言文字的演变及意识的发展、概念的进步，是以考古的眼光看待文物那样的话，一定能够发现埋藏在语言文字中意识和概念内容的活动规律。

今天，语言和文字已经成为人类文化的重要组成部分，看似理所当然，其实离不开人类自身前赴后继的学习与传承。我们所居住的星球上，几乎一个族群或民族就有一种语言和文字，甚至一个国家有多种语言和文字。尽管不同的语言和文字有不同的发音和书写，但总能够找到它们所描述的同一事物或相同的意思。恰恰就是这样的“符号”其功用让人类在文明发展进程里取得一个又一个的丰硕成果。

其一，语言和文字符号标准化。这里有两个层面上的标准化，一个是语言和文字的发音及书写的标准化，另一个是这个符号背后所诠释的内容的标准化，或者说，概念的标准化。

其二，语言和文字能表达公共认知。特别是概念内容的公共认知，对人的社会性生活至关重要，因为概念的公共认知意味着集体知识。

其三，语言和文字的出现让人得以接受系统的教育。一个人没有经过小学、中学、大学的学习，是很难掌握现代社会要求的某些技能。教育成为科学技术进步不可或缺的基础。

其四，语言和文字的综合功用改变了人类的生存方式。人类从几十万年的游荡生活中走来，借助语言和文字，大大促进了生产生活、社会政治、文化科技发展的进程，并且呈现出质的飞跃。

其五，语言和文字作为概念的表达形式，让人类的智慧得以传承和发展壮大。物种进化伴随精神的进步，语言和文字的相继出现成为人类精神进步的重要里程碑，让人类与动物的距离越走越远。

第五节　概念与意识的联系与区别

从意识和概念的定义看，意识是感觉被认知的概括，概念是意识被认知的概括。也就是说，从意识到概念的形成都离不开认知，意识和概念都是认知的产物，或者说，意识和概念分别是认知的阶段性成果。

从来源上看，没有意识就没有概念，没有海量的意识就没有被概括的对象，就没有概念。

从内容上看，概念的出现让海量的意识得到高度概括，同时概念本身在认知作用下迅速增量（见图）。打个比方，倘若把

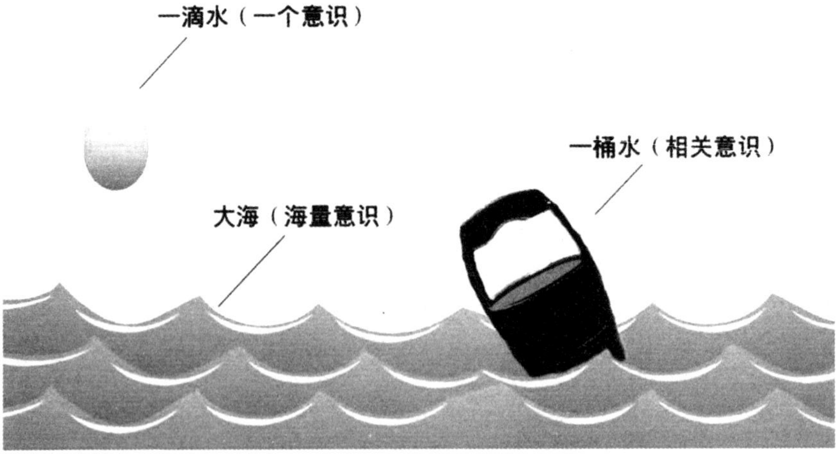

海量意识

大海的一滴水看作一个意识内容，打一桶水作为相关意识的概括，称为概念。概念同样是海量的，关联的概念还可以被再认知，不断生成新的概念，并成为思考素材的主要来源。一旦从对意识表象的认知飞跃到对抽象概念的认知，认知的本身亦得到完善、发展和进步。

从物种进化、精神进步的角度看，概念的出现是人类离动物越走越远的里程碑。人类的文明进程与概念的进步息息相关，从每一个概念的具体化向抽象化的发展，就不难看到之所以人类能成为智慧生物的道理。虽然，你不一定是生物学家，但你很容易发现身边的动物都会表现出非常明显的意识反应。如猫狗能清晰明白人对它的呼唤、会躲避面前的障碍等危险事物、会一齐玩游戏等，“大象照镜”的实验则证明动物所具备的自我意识。虽然动物与人都具备对外界刺激做出反应的神经元或大脑，但动物对概念的理解是无法与人相提并论。毋庸置疑，从意识到概念的物质进化或精神进步，是缔造智慧物种的必然。

意识与概念区别一览表

	由来	内容	动力	进化	特性
意识	感觉	具体	自然派生	动物级	呈现、派生、支配
概念	意识	抽象	目标派生	智慧级	抽象化、创新性、社会性

从意识、概念的活动规律看，意识往往是把事物的表象具体地呈现出来，比如妈妈的气味或容颜、天空的白云、流水、山森等，真所谓历历在目；然而，概念往往比较抽象，比如描述事物运动状态的“速度”，要清晰、准确地理解速度这样一个概念，就必须明白速度与时间和距离的关系，即“速度 = 距离/时间”。简言之，意识的活动简单、直观而具体；概念的活动复杂而抽象。意识的活动造就了概念，概念的活动造就了思维。

意识的活动往往可以表现为被动、无序，如光怪陆离的梦景；概念的活动就表现为主动、有目标性，如演算一道数学方程式或编写工作计划等。

第六节　概念流是人类思维活动的基本形式

概念流是一连串的概念活动。通常情况下，概念流的活动是当人在清醒状态下被觉察的。比如，在朗诵的时候、在阅读的时候、在写工作计划的时候、在深入思考一件事情的时候等等。那么，概念流与意识流又有怎样的区别呢？概念流是怎样形成并发展的？为什么说，概念流是人类思维活动的基本形式？

意识流是一连串意识的活动，意识流通常表现为具体事物表象上一连串的回忆，或梦境里一连串的人文景观或寻觅路上对两旁景象的主动回忆；概念流通常表现为抽象的一连串思维，如推理与归纳的思维方式（比如解数学方程式、演讲、写工作计划等）。概念流，主要追求的是目标，最终要有答案，即结果；意识流可以漫无目的，天马行空。所以，从意识流与概念流的区别，让我们更加清楚地看到，生物的进化与进步对人类文明的形成和发展有着极深远的意义。

概念流是怎样形成并发展的？新生儿除了吃就是睡，此时，新生儿的大脑一定没有概念流。也就是说，概念流，不是与生俱来的，它必然在与生俱来的神经系统不断完善基础下，有一个形成和发展的过程。按照前面章节的论述，可以清楚地判断：新生儿一出世就意味着将要接受世界上一切事物对他的物质刺激。从阳光、空气、妈妈的乳汁等感觉开始，在大脑最初认知功能作用下，形成意识，继而形成意识流，即意识活动。随着认知成果不断深入，意识内容被概括形成概念，众多概念的相互联系或作用形成概念流，即概念活动。在意识不断被概括形成概念的基础上，概念之间的相互联系或作用促进了概念递进式增量。回顾一个人知识的获得，无论他是否受过正规教育，无不是在概念的形成和发展的这条道路上不断积累而得。

如果要清晰地表达概念流的形成和发展，我们相信完全可以用数学模型来解决，充分表达出各因素对概念流的影响。本书抛砖引玉，在这里先用简单的图解模式加以说明：概念流 = 概念 a→n。分解来看，概念 a→（目标 a 作用下）→概念 b→（目标 b 作用下）→概念 c→（目标 c 作用下）→……概念 n。

举例，当我决定要从广州到北京开会的时候，一连串的概念流就随即而来：诸如选择什么路线、坐什么交通工具、见什么人、要准备些什么等等。以路线及交通工具为例：首先我要从家里出发，乘地铁到达广州白云机场，航班到北京首都机场后，乘专车到达城里的目的地。从家里出发→（目标地铁站）→乘地铁→（目标飞机场）→赶北京的航班→如此类推→最后到达开会的所在地。从这例子我们不难看到，一连串的概念形成的概念流，如出发地、地铁站、飞机场、目的地，还有家、广州、北京、会场等等。有一点非常清楚，不管产生哪一路的概念流，概念与概念之间的联系都离不开目标的驱使。或者说，每一个概念之间的连接都有各自目标的作用下完成，最终达到总目标之结果。

在我们看来，概念流，能够在目标的驱使下，主动地、严谨地形成并发展，是生物从低等到高等进化进步的重要标志。地球生物，特别脊椎动物意识活动早就普遍存在。从动物实验中可知道，动物的意识流是可以在目标的作用下形成，但大部分的动物还停留在依靠漫无目的、自然派生的意识流的支配下生存。当然，这样一种被动的、随机的意识流在人类身上也依然保留着，比如我们的梦境。

概念流的形成和发展的动力是欲望。如果“概念流 = 概念 a→n”，那么“欲望 = 目标 a→n”，即概念流从概念 a 到概念 n 都必须要在形成概念 b 到概念 c 等各分目标作用下连接而成。为什么目标可以层出不穷地驱使概念流的形成？因为每一个概念都必须经历反复的认知而被确定，这一切的认知都来自对事物的表象、内部规律、意义这三个层面的认知。无论概念涵盖的内容量大小如何，对概念内容背后的意义的认知尤为重要，所有的意义都离不开“生存与发展”，具体表现在本能需要和自我需要的落实上。所以，每一个看似风马牛不相及的概念都可以找到相互连接的理由。而这些理由实则为欲望，欲望则表现在每一个目标上，从而驱使形成我们司空见惯、习以为常、每时每刻出现在思考里的概念流。

概念流是人类思维活动的基本形式。或者，把问题反过来问，思维活动依靠什么来完成？具体来说，思维活动的内容其逻辑关系的表达通过什么形式来完成？当然是通过概念流来完成。概念流承载着思维活动的内容，并且淋漓尽致地呈现在我们的大脑里。试问，没有概念，没有概念流，人类的思维活动又如何能表达。

从感觉、意识、意识流、概念、概念流到整体的思维活动，这一切全然在人的大脑里得到呈现或实现。这一切的出现让我们不难理解，生物进化从低级到高级、从简单到复杂的过程。这样一个发生在大脑的从简单到复杂的过程，即从感觉、意识、概念到思维的过程，一定是伴随着生物器官及生理机理的进化而发生的。这个现象告诉我们，在生物进化发展的长河里，物质层面上的进化一定伴随着精神层面上的进步。从感觉、意识、概念到思维的发展过程是精神层面上的进步，这样一个事实充分说明，生物体是物质和精神的有机整体。同时亦是生物物质进化、精神进步平衡发展的有力证据。因此，概念流是人类思维活动的基本形式，它是生物进化进步的必然结果。

第六章

思维

思维是认知过程的最高表现形式。思维发生在大脑里，思维这东西不再是“心想”，而是大脑活动。思维活动同样遵循认知活动的连续性选择原理、知识递进原理、互为因果关系原理。

第一节　思维的形成

思维，对于每个人来说，一定不会陌生，因为它发生在生活的方方面面。但要说清楚究竟什么是思维，那就不是人人都能说个明白。思维从哪里来？又往哪里去？为什么人们的思维不尽相同？思维有它自己的活动规律吗？思维是人所特有的？我们相信，虽然思维的过程一定伴随着一系列生理、生化机理的发生，但思维的活动规律却不能简单地用物理定律去解释。思维的内容是按照各自的目标执意地去完成，最终形成千姿百态的思想。要弄清楚思维究竟是什么，有必要回顾一下感觉、意识、概念在思维形成的过程中扮演着怎样的角色。

感觉一开始由感觉器官形成，随即在大脑呈现具体的感觉表象，比如，眼睛通过光线让人看到物体的大小、形状、颜色、运动状态甚至身体平衡等；耳朵让人听到声音的大小、高低、变化甚至身体位置等；皮肤感受痛觉及温度等。所有的感觉种类得以呈现，都是事物的表象。所谓表象就是感觉在大脑的呈现，表象在感觉能力的控制下自始至终忠实于事物的真相。比如，前面有一匹马在奔跑嘶鸣，对于视觉和听觉而言，马就是马，不可能是鹿。换言之，感觉表象给大脑提供了丰富多彩而且真实的来自身体内、外部的信息；感觉是宇宙万物信息的转换者，把物体本身的信息转换成表象。

你会问，“感觉”普遍存在于生物界，与人类的思维有何相干呢？其实，思维形成的过程是生物进化进步的过程，是一个循序渐进的过程，如果没有“感觉”这样一种生命现象在生物体上出现，那么人类的思维现象也就无从谈起。所以感觉是思维过程当中对内容进行溯源的最原始的提供者。综观生命发展的历史，从低级生物到高智慧的人类，“感觉”自始至终没有缺席，并且从感觉器的结构上和感觉种类上不断完善、强化、丰富。

还有一个非常重要的事实，即使感觉普遍存在于生物界，倘若没有“认知”这样更高级的生命现象的出现，可以断言，一定没法产生思维。感觉是认知的对象，没有认知，感觉就无法在大脑里得以呈现、分辨、确认、分析对比等。感觉与认知是一对相互作用的矛盾，随着感觉种类带来的内容不断被认知，认知的能力不断提升，同时，认知对感觉的角度、感觉的深浅等带来干扰性影响。

总而言之，感觉在思维活动的形成过程中扮演着以下角色：感觉是思维得以形成的必要条件和因素；感觉是把宇宙万物信息转换成表象得以在大脑呈现的提供者；感觉的对象是万物，认知的对象是感觉，在不断的认知升级过程中，感觉表象被认知后形成意识。

意识的出现当然就是大脑（神经中枢）有了认知功能开始的，认知的对象是感觉的内容，每个具体的感觉内容被认知后形成具体的意识内容，此时，具体的感觉内容与意识的内容似乎是一样的，其实它们已经存在着差异，因为感觉的对象是事物本身，而认知却是感觉在大脑呈现的表象。这里说的“差异”，是事物本身与表象的差异，这种差异主要取决于感觉器官是否忠实于事物本身的表达，因为感觉器官存在着发育程度或结构上（微小差异甚至受损等）的变化。另外，这种差异极易受世界观（思维）的影响，随着意识内容的不断增加，思想越来越复杂的情况下，对这种差异的干扰越大。

从思维的形成以及发展的角度看，意识成了有感觉出现以来大脑的认知取得的最先成果。意识一旦出现，其呈现、派生、支配的特性表露无遗。在“意识三性”的作用下，意识数量倍增，从“原始意识 = fn × N”激增至“意识量 C = fn × N × M”（fn 是感觉种类数量，N 是感觉事物的数量或感觉对象，M 是原始意识被再认知的次数）。此时的意识量是在第一轮原始意识数量之间互为作用下派生出来的，由于 M 的出现，意识内容从具体的表象走向抽象化的发展成为可能，同时为日后概念的形成奠定基础。

思维的形成和发展以及所引发的行为都是欲望驱使的，而欲望的目标决定于本能需要和自我需要。本能需要和自我需要被认知后形成本能意识和自我意识，换言之，每一个具体的本能意识或自我意识都可能引发思维活动并支配其发展方向。意识是推动思维形成和发展的最原始动力。

意识推动思维形成和发展的基本形式是意识流，我们相信意识流不是人类所特有的，意识流可以在两种情形中出现，其中一种是梦境，梦的内容可以回忆并历历在目，但其发展方向往往漫无目的、随机应变，好一派光怪陆离的人文景象；另一种是意识流主动参与到思维活动中去，通过表象呈现的意识流有极强的目标性和逻辑性。意识流是意识活动的表现形式，说明意识不是静止的，而是动态的。同样，认知也是动态的。意识流的出现是认知能力不断进步的重要里程碑，是人类之所以出现概念流和思维形成的关键性一步。

总之，意识在思维活动的形成过程中扮演着如下角色：意识的出现，使感觉的内容成为意识自身的内容，并且得以呈现、确认、分辨、对比、理解和记忆。而这一切的呈现、确认、分辨、对比、理解和记忆都将成为思维活动的主要形式或方式方法。意识的出现，使来自感觉的具体内容向抽象延伸。意识的出现，其内容在“意识三性”作用下不断倍增并支配着思维活动的形成或发展。对于人类而言，海量意识作用于大脑，从量变到质变，在自然选择作用下不断进步，没有意识就没有概念，更谈不上思维活动。意识流成为概念流和思维形成的必要条件。意识的出现让记忆有了对象并成为认知的材料。综观生物界，植物完全不需要意识的存在而生存，而大部分的动物特别是脊椎动物，还停留在依靠意识的支配能力（主要是本能能力）来生存，只有人类运用概念和思维的能力走上智慧型生物的道路。

概念，在思维活动形成的过程中扮演着极其重要的角色。海量意识的不断刺激，大脑功能和认知能力的不断进步，从量变到质变，概念的形成顺理成章。概念是对意识的认知后概括形成，概念是相继意识出现后，大脑认知能力的又一伟大成果。

概念是思维活动的组织性要素。概念的概括对象当然是意识，意识的活动表现为意识流，即一连串的意识（被认知的表象）活动，各系列的意识流被“范畴”所分类并组织起来，概念成为系列意识流的组织者，或者反过来说，意识流被范畴而概括形成了概念，系列概念参与并形成思维，所以概念就成了思维活动的组织性要素。

概念的内容是组成思维内容的组成单位。感觉面对的事物是随机甚至杂乱无章，在大脑的表象被认知，立即成为有序的意识内容，海量的意识内容被浓缩、抽象、概括成概念内容时，概念内容理所当然成为思维的基本内容，在思维的过程中，每一个概念在其相关的一系列概念活动里，其内容就构成这次思维活动的组成单位。言下之意，思想的形成可通过概念的内容进行溯源。

概念流是思维活动的主要形式。思维是认知过程的最高表现形式，认知从感觉开始，继而有了意识，对意识的再认知有了概念，一连串的概念活动按照认知的“逻辑”关系形成概念流，系列的概念流参与到思维活动中来，思维过程最终结果产生出思想，其思想的内容主要来源于概念流所承载的内容。从概念流到思维，从概念内容到思想，无论从认知的形式到认知的内容，概念流与思维之间的发展一脉相承，因此，概念流是思维活动的主要形式。与此同时，新的意识、新的概念继续生成，大脑的思维活动一如既往地不排除来自感觉、意识、概念源源不断提供的新信息，它们参与或影响着每一次的思维过程。

概念对思维过程的影响。无论是概念引发思维，还是思维需要某些概念的参与，可以肯定，概念的内容是思维过程最重要的材料，对思维活动最终产生怎样的思想有着直接的影响。也就是说，思维的结果与概念所提供的材料有直接关系。需指出，概念对感觉、意识的理解存在干扰，换言之，对感觉、意识的理解往往会受以往概念的干扰。感觉所提供的感觉表象是原始并且忠实于事物本身，但以往的概念往往会干扰对感觉的理解，干扰对感觉的认知过程，干扰意识的形成。比如，面对一个亭亭玉立的姑娘，她的容貌、表情、投足等所有感觉表象引发对美丽的理解，然而不同的人受以往所持概念的干扰不同，其理解的程度和结果往往有很大的不同。

对于地球生物而言，从感觉到思维的出现经历了百万年漫长的进化及进步。倘若能用考古的方法来看，这样一种进化及进步的足迹也还是清晰可见：单细胞的海藻感受着阳光，通过叶绿素的光合作用把光能转化为化学能并生成碳水化合物（糖）

去延续自身生存；植物，包括乔木、灌水、草本利用绿叶来完成光合作用，而且从种子的发芽开始就具备“主动”的向光性，长成的树冠形态及每片叶的位置都尽最大可能“主动”霸占更大的采光面；动物们的出现使觅食的空间不再被固定，其繁衍通过交配获得更适合环境的物种，此时对环境被动的感受成了名副其实的主动的感觉，特别到了脊椎动物，所有可被感觉的表象，经能量转换成神经电信号和神经突触间化学能的扩散呈现在大脑里，表象一旦被呈现、确认，在简单的认知（大脑的功能）催生下形成原始意识，人类新生儿的成长一定存在此过程。今天大多数物种仍然还是在原始意识基础上派生出本能意识和微弱的自我意识驱使下行动；人类经历百万年的进化、进步，成为地球生物的主宰。可以断言，人与动物区分开来最明显而重要的特征不是熟食、发明工具等，而是出现了概念和思维。

生物的物种进化伴随感觉、意识、概念、思维的进步及发展，贯穿全过程的主角是认知。大脑（神经中枢）除了调节身体生理机能和神经传导等之外，主要的功能是认知。也就是说，大脑的结构及机理是认知的物质基础，大脑的结构与功能的关系表现为物质进化与认知进步的关系。至此，你可能会问，人类出现思维这样一种现象，认知扮演了怎样的角色？或者说，认知在思维过程中起了什么作用？

认知从初级到高级的表现形式。认知既然是大脑的重要功能，认知的动态变化当然随着大脑器官的成长成熟而不断进步发展，这一切在新生儿到成年人的成长过程中表露无遗。初来乍到的新生儿一开始只有感觉，充分而多方位地接受来自光、声、味、嗅、温度、触等外界刺激，眼、耳、口、鼻、皮肤等感觉器官进入工作状态，把各种能量形式转变成神经电信号投射到大脑不同的感觉中枢特定区域，此时，大脑的结构、神经元回路已经或继续完备，大脑的认知功能正迎接各种外来刺激而开启，感觉的表象被认知，认知的表现形式为：呈现、确认、分辨。此阶段的认知可界定为初级认知，多见于0～3岁。

认知的存在通过其表现形式而为人所知，最明显的形式是呈现。感觉的表象被认知（即意识）而立即呈现，可以说不难体会或理解，但，最重要的是被认知的表象（即意识）可以随意重复的呈现，这个随意重复的呈现就是最熟知不过的记忆，记忆属认知范畴，由于有了呈现，或者说再现，记忆才被知晓。这样一个人人都可以体验的实证，可以肯定，被长久而稳定记忆的对象是被认知过的感觉表象，即意识。比如，10位以上的数字，迅速过目后要立刻记住，是一件较困难的事，但如果把某数字或某组数字迅速作关联性的想象（认知），那么要记住比10位更长的一连串数字就显得不那么困难了。因为前者只是数字图形上的感觉（或只停留对表象本身的认知），要长时间记住就困难了；后者是数字图形以及相关事物上的认知（已经是深层的认知），即成为意识后进行记忆，记住它就显得轻松多了。所以，记忆的对象是意识。

在初级认知阶段，认知所采取的形式主要是：呈现、确认、分辨。对于认知来说，意识得以“呈现”才能进一步“确认”，每个意识能被“确认”才能“分辨”海量的意识。这些初级的认知在孩童时期常被家长乐见或夸奖的事情，说明了一个事实：孩童期是意识形成并大量积累和开始学习运用的时期。当然，初级认知也普遍存在于动物世界里，最常见的猫、狗、马等动物，时常被驯养它们的主人描述拥有几岁孩童智力水平。

在高级认知阶段，主要是通过对比、推理、归纳的形式去认知概念。孩童时期，妈妈的容貌、乳汁、气味等作为对妈妈的种种认知，这样的意识时时在脑海里呈现、确认、分辨。随着海量意识的沉淀和运用，在学前儿童（7～8岁前）中，已经可以见到“概念”的出现，比如说从对妈妈容貌、体态等种种认知（意识），出现了对妈妈整体概念上的理解，最明显的现象是，这时期的小孩开始明白，我有妈妈，其他小朋友也有妈妈。妈妈不仅是一个人的“妈妈”而是所有人（范畴）的“妈妈”。初级认知催生概念的出现，反过来，概念的出现又促进认知的进步。事实上，比较全面、完整的“妈妈”这个概念必须在对比、推理、归纳的认知形式下形成，所谓高级认知所表现的形式，一定是在初级认知的表现形式基础上发展而来，或者说，海量的新概念一定是在海量的意识基础上发展而来。

认知取得的丰硕成果。考古发现并且证实，人具备站立和行走的双腿相当长一段时期后才离开树木枝条，过脚踏实地的生活。同样，大脑（神经中枢）有了认知的物质结构和机理相当漫长的时间后，到了人类，认知能力才得以迅速而全面的进步。在人类身上，可以看到认知在思维过程中所取得的一系列成果，具体表现为：意识、概念、思想。

认知水平的三个层面也是思维过程的三个层面。第一，对事物表象和状态的认知；第二，对事物结构和运动（内部）规律的认知；第三，对事物被注入意义的认知。从认知的发展历程看，第一层面发生在感觉、意识出现的时候，是一开始的认知水平；第二层面发生在对意识特别是概念的运用上的认知；第三层面是站在自身生存发展背景下的认知，具体表现为对本能需要、自我需要的认知。从思维过程中看，认知的三个层面不会截然分开，因为思维的过程同时存在并包含对感觉、意识、概念的认知过程，特别是对概念运用上的认知，自始至终没有离开认知的三个层面，换言之，每诞生一个新概念其内容都可在认知的三个层面上溯源，甚至思维过程所形成的每一个思想（内容）都可通过其意识、概念在认知的三个层面上溯源。思维过程的本质就是认知过程。

思维过程或者说思维活动，同样遵守认知活动的三大原理，即连续性选择原理、互为因果原理、知识递进原理。

连续性选择原理在思维过程中所起的作用。所谓连续性就是接二连三的，所谓选择就是对事物本身的确定或描述。连续性选择构建起神经反射弧，神经反射成为神经系统活动的基本形式。只有选择，特别是连续性选择才能使大脑的认知能力得以体现和发展进步，连续性选择原理自始至终作用于感觉、意识、概念、思维，告诉我们认知从何而来。新生儿来到这世上有了第一个感觉（最开始感受到妈妈的脉动或是第一口新鲜空气或是妈妈的面容），这个感觉仅仅只是感觉，尚无认知可言，随着连续性感觉表象的刺激，大脑认知能力得以启动并一发不可收拾，在连续性选择的作用下，感觉被认知后出现意识，并通过意识三性（呈现性、派生性、支配性）把意识的内容表露无遗；海量的意识（内容）不断成为再认知的对象，意识被认知概括形成概念，并通过概念三性（抽象化、创新性、社会性）把概念的内容推向更高层次的认知。同样在连续性选择的作用下，概念（或连同意识、感觉表象）通过思维过程形成思想；每一个思想在不断运用中得以检验。

知识递进原理在思维过程中所起的作用。认知不断升级而进步，具体表现就是知识递进。知识递进原理不仅告诉我们认知了什么，而且在获取知识方面得以站上巨人的肩膀，不断拓深和拓宽，产生新的知识。对于个人而言，知识的递进速度或增量取决于接受自然万物刺激的感觉、意识的派生、概念的运用、思想的指导；对于全体人类而言，知识指公共认知的概念。

只有这样，公共认知的概念才可能使人与人、族群与族群、国与国之间得以正常沟通，对不同的语言、文化、信仰等给予理解；一切知识才可能得到传承和发展；教育体系和社会管理体系才得以建立和巩固；人类所追求的“文明”才得以实现。所谓“信息大爆炸”、科技进步、全球一体化等就是知识递进原理作用于群体（人类）而产生的一系列伟大成果。公共认知的概念（知识）不断累积，在群体中层出不穷，人类文明进程中具有里程碑意义的伟大思想像雨后春笋般涌现，开花结果。由于知识递进原理不断作用于思维过程，继而获得巨大的认知成果。

互为因果原理在思维过程中所起的作用。思维活动的最突出表现就是概念流和意识流的交互作用，相对而言，概念流表现为：抽象的、概括的、理性的、可交流及传播的。意识流表现为：表象的或具体的、包罗万象的、感性的、可意会及陈述的。概念的形成必须经过互为因果原理对意识的作用，同样，思想的形成亦必然经过互为因果原理对概念的作用。每一个看似不相干的意识（概念）都可与另一个意识（概念）建立起一对互为因果的关系并相互作用，新的意识、新的概念、新的思想由此产生。人类所有的意识或概念都是为了探索生存与发展，背后的终极意义都离不开生存与发展的需要，具体表现为本能需要和自我需要。互为因果原理不仅告诉我们，人的认知是为生存与发展的需要而认知，而且互为因果原理在人类创新活动中贯穿始终。

以上对感觉、意识、概念在思维过程中所扮演的角色作了详尽的回顾，进一步明晰了思维的由来、形成、基本活动规律等，接下来就应该进入“思维”是何物的探讨。

第二节 思维的本质

思维是个什么东西？是不是人类特有的？思维的过程是物质的还是非物质的？思维的结果是什么？通过上一节关于思维形成的讨论，我们有了对思维本质的认识。

思维是大脑进行的从感觉到意识、概念的一系列认知活动。思维发生在大脑里，思维这东西不再是“心想”，而是大脑认知活动。思维从低级到高级，具体表现为呈现、确认、分辨、记忆、派生、支配、分析、综合、判断、推理、归纳等认知活动的过程，思维过程的最终结果产生思想（认知的最高级成果）。大脑神经组织由神经元和神经胶质细胞组成，其工作方式是接受刺激和对刺激作出反应（传导兴奋）。连续不断的刺激促使神经元以及神经传导建立起错综复杂、数量宏大的神经反射弧，通过非条件反射和条件反射这两种最基本的神经反射形式，完成接受刺激并做出反应。这一基本的神经活动，当然包括接受感觉表象的刺激并形成意识、概念、思想的过程，继而支配、综合、指挥每一个行动。因此，形成意识、概念、思想的过程就是认知从低级到高级、从简单到复杂的过程，认知的结果产生了意识、概念、思想。

思维是生物物质进化、精神进步的产物。如果没有感觉和认知过程的不断升级进步，那么，思维过程没法形成。从生物进化观点看，特别到了脊椎动物（如猫、狗），它会听到主人的召唤，明白主人发出指令后想表达的内容等等，其感觉和认知的现象已经表露无遗，但无论猫狗有多聪明，它还是没有像人一样拥有一套完整的思想。它的认知只停留在对意识的呈现、派生和对动作的支配上，而人类却出现了对概念的综合、分析和推理、归纳的最高级的认知过程。当然，思维的形成绝对离不开经漫长时间的进化和完善的大脑结构和生理机理，更离不开一直以来连续不断的内容（包括感觉、意识、概念）及其活动规律对大脑的刺激。因此，思维的出现是生物进化和精神进步的伟大成果。

思维的活动遵循认知活动规律，思维过程的最终结果是产生思想。研究思维过程固然需要弄清神经生理机理的作用，但思维过程所承载的海量般意识、概念、思想内容的活动规律更为重要，如果没有思维过程中对思维内容包括感觉表象、意识表象，特别是概念的再认知，则不可能最终产生思想。问题是思维的内容本身是物质的还是非物质？一般来看，物质有形态、大小、重量、密度，还存在外部结构以及内部分子、原子结构，而无论思维的内容有多么繁杂，意识、概念、思想却无法用以上物理性状来加以描述。思维看似没有物理性状，至少目前对此没有公论。为了对意识内容、概念内容、思想内容的活动规律有一个全面系统的认识，出于研究，有必要把它们统一归纳为认知活动规律，也可统称为非物质活动规律。

必须强调，生命的存在是以代谢的形式来体现的。其中包括物质代谢和能量代谢。通常说的物质代谢较为容易看到或理解，如每天摄入食物或喝水，每天都必须排泄。能量代谢通常是无形的，如人的体温变化受神经中枢的调节等。不过，可以肯定的是，认知过程出现意识、概念、思维的现象就是能量代谢的具体表现。

能量（包括量子力学）从属物质运动规律范畴，然而，意识、概念、思维所承载的内容却遵循非物质活动规律，或者说，错综复杂的思维内容就是能量代谢的必然产物，但它不是能量代谢本身，能量代谢是它的载体。就好像看电影，全场观众被剧情所吸引并引发的情绪波动，完全遵守非物质活动规律即认知规律运行，电影机对电、光、声的工作原理（物质规律）丝毫不变，坐在身边的小猫小狗或小孩对人们痛哭流涕的情绪不以为然。因为银幕上的图像、音乐、文字及其语言都已经是人所熟知的意识内容和概念内容的符号，这些内容也理所当然成为思维的内容。小猫、小狗们从来没有对这些内容进行认知，当然无动于衷，但不代表它们对银幕上的图案没有感觉。这些恰恰说明“认知”不是死物，是不断发展、进步升级的。

第三节　思想

综观古今中外人类思想的发展历史，对人类文明有着深远影响的思想不胜枚举，诸如天人合一、孔孟礼教、道德经、君主立宪、独立宣言、共产党宣言、人权宣言、科学与民主等等，人类依靠思想从混沌走向文明，思想对人类前进的引领作用一刻都没有停止过。

要让一个普通人完整地说出自己的思想，并不是一件容易的事。思想是感觉、意识特别是概念内容经思维活动（认知）而产生的伟大成果，思想活动遵循认知规律，思想是认知活动继意识、概念后取得的最高级的成果，是认知在物质层面进化、精神层面进步的重要标志。思想的出现，是人类离动物越来越远的根本原因，思想是人类目标行动的原动力。思想体系主要由知识体系组成，具体表现为观点、世界观、主义、学说、理论等，通过宗教、文化、科技、教育等传承和发展，语言文字成为思想沟通、传播的工具。

“思维”强调认知的过程，包括神经生理过程和认知方式，认知方式具体表现为：呈现（分辨、记忆）、派生、支配、概括、推理、归纳、分析等；“思想”强调认知的内容及其结果，或者说，每一个思想都由具体而丰富的内容组成。

从思想内容的形成和发展来看，如果没有丰富多彩的感觉种类（如颜色、形态、声、温、痛、触、平衡、渴、饿、性等等），把各种不同形式的能量转换成神经电信号，通过感觉表象呈现在大脑里被认知，不可能有意识的出现。意识一旦形成，对事物的认知就表现为辨别、确认、呈现及记忆，并且从事物的表象和结构、运动规律、意义三个层次的内容逐渐展开。一般的脊椎动物最多只表现为对意识内容的三个层次最初级的认识。只有人类，在强大的认知功能作用下，对海量意识内容从三个层次高度概括，在不同的范畴里逐一形成概念。概念可以通过语言文字广泛交流，概念不仅是个人独有，而且为全人类所共享。因此，狭义上讲，思维的过程就是对概念内容高度认知的过程，最终形成思想。在人类历史长河里，不同领域里每一个思想的建立和进步都是全人类文明进程的里程碑。随着人类的知识递进不断向前发展，人类的智慧不仅仅表现在某个伟大思想的作用上，而是思想体系的层出不穷。

进一步地从思想的组成及溯源角度看，思想由众多概念组成，概念由众多意识组成，意识最初的形成必须由感觉表象被认知后而产生。当然，意识被再认知可产生新意识，概念被再认知可产生新概念。问题是组成某一思想的众多概念为什么是这些概念？而不是那些概念呢？因为“这些概念”相对于这个思想来说有着相同或相近的“意义”。同样，组成某一概念的众多意识为什么是这些意识？因为“这些意识”相对于这个概念有着相同或相近的“意义”。这个意义通常是最高认知层次上的“意义”，它是意识之间、概念之间甚至思想之间发生关系的纽带。

概念特别是思想背后的意义，归根到底是要为生存与发展的需要服务，因而概念或思想的内容包含本能需要和自我需要的成分；而意识背后的意义，通常是生存或发展的具体（或单一）表达：这个意识所支配的欲望是去完成本能的需要，那个意识所支配的欲望是去完成自我的需要，因而意识的内容可以只是本能需要的成分或只是自我需要的成分。

无论是简单的思想还是复杂的思想，都可以用以下数学表达式：

思想 a = 概念 a1 + 概念 a2 + 概念 a3 + ……概念 an

或思想 b = 概念 b1 + 概念 b2 + 概念 b3 + ……概念 bn

每一个思想都是由其相关的一系列概念组成：每一个思想必须由两个或以上的概念组成，而这些概念背后所包含的意义与该思想所表述的领域密切相关。

例一，"周易"是一个完整的思想体系，其中"易占"是关于解释、推测自然与人事变化及吉凶的思想。要学会"易占"，即如何演算？其结果所表达的内容及意义？就必须对所谓八卦的卦象以及对应的八种自然现象等一系列概念有十分清晰的了解。如八卦的乾、坤、震、巽、坎、离、艮、兑，以及对应的八种自然现象天、地、雷、风、水、火、山、泽，还有相对应的八种属相马、牛、龙、鸡、豕、雉、狗、羊等。可见，在"易占"这一思想里就包含了如此众多的概念，用八种自然现象，八种卦象，八种属相之间的关系，推演人的行为及其结果，试图表达"天人合一"的思想。

例二，物理学是影响深远的一门实证科学，人们要知道物体的速度就必须知道距离和时间，即速度 = 距离/时间，速度、距离、时间这些概念是建立在实证的逻辑关系上的，这三个要素只要知道其中两个，第三个就可以精准地推演出结果。当然，物理学思想上的这些概念是建立在实证基础上。

思想的表达式充分说明，复杂多变的思想主要由一系列相关的概念所构成。概念的内容则由一系列相关的意识所构成，概念的数学表达式为：

概念 a = 意识 a1 + 意识 a2 + 意识 a3 + ……意识 an

概念 b = 意识 b1 + 意识 b2 + 意识 b3 + ……意识 bn

然而“意识 = fn × N”，而“意识的总数量 C = fn × N × M”。感觉种类 fn、事物数量 N、意识派生次数 M，意识 a 或意识 b 等都只不过是意识总量当中某一个意识而已。意识总量的数学表达式恰恰是中国古文化观念“三生万物”的最好诠释。比如，每一个感觉表象被认知后产生意识，而每个意识又可以与不同的感觉表象或其他意识相互作用，被再认知后产生新的意识，如此类推直至无穷。概念的海量递增如出一辙。海量的意识或概念是造就丰富思想内容的原始材料，并通过思维形成思想。

显然，思想形成于思维的高级阶段，是认知的最终成果，具体表现为各种观念、观点、看法等。对于全人类而言，思想能够通过语言文字、各种艺术形式交流、传播、继承，成为人类最具价值的财富。

必须指出，从感觉到思维，既是地球生命经历了漫长的进化进步和物种更替的演变过程，也是个人认知发生发展的必经过程。

据考证，25 亿年前地球上有了蓝藻，它是一种广泛存在于海洋的单细胞微生物。从第一束阳光照射在蓝藻上，把光能转变成化学能并产生氧气，它的发展使整个地球大气从缺氧状态发展到富氧状态，从而孕育了一切生物的进化和发展，直至人类的出现。认知作为大脑的功能，是生命进化进步的产物。

从最初的蓝藻、感觉器官到大脑的出现，能量代谢一直贯穿其中并伴随物质或生命形式的巨大变化，认知能力不断进步，大脑以能量代谢的形式承载被认知的内容；被认知的内容以意识、概念、思想的展现方式，通过动作、语言、文字等轻而易举地表达出来。

因此，认知过程包含能量代谢及其内容活动的全过程。认知过程本质上是一种能量代谢过程，能量代谢表现为能量的吸收、传导、储存、转换、释放；认知内容则表现为意识、概念和思想。能量代谢遵从量子物理的规律，认知内容的发生发展遵从认知活动规律。

延伸阅读

被确定的生物事件

亲爱的读者，有否认识到：你的思考，你的想法，你的选择，都是一种或一系列生物事件。生物事件与物质运动规律有何联系？怎样深入理解“认知”所包含的呈现、分辨、确认、描述、记忆、归纳、推理等各种生物事件呢？认知的三大基本原理（连续性选择原理、知识递进原理、互为因果原理）是否遵循物质运动定律？为什么生物事件可以被确定？

例一：谁成为小鱼

鱼卵又称鱼子，鱼类属有性繁殖的物种，鱼卵必需受精才能孵化出小鱼。为了确保物种繁衍，鱼类以大数量的鱼卵散发在水中，为受精做好铺天盖地的准备。如果鱼卵问鱼妈妈，您真能确保我出生，成为可爱的小鱼吗？鱼妈妈不能作答，因为，只可以肯定能够繁衍出后代，却没法确切具体某一粒鱼卵能否受精，即无法确定谁一定会成为小鱼。然而，看到无数小鱼被孵化出来的事实又是确定的，究竟谁在起作用呢？你可能会说，是卵子与精子的数量及其比例在起作用，或者是水中环境的变化亦起作用等等。实际上最终是概率定律起了作用，因为事物的运动受多种不确定因素的影响，我们只能知道百分之几的鱼卵能够真正成为小鱼，即鱼卵的孵化率，我们可以用事件的概率描述事物运动的趋势。

例二：生命的来到

女人的子宫两侧分别各有一个卵巢，顾名思义是卵的巢穴，生育期内贮存着几十万个卵子，随着卵子的成熟，正常情况下每月排一次一个成熟卵子，卵子应回到输卵管上受精，可是，卵子却被排到腹腔里去了，卵子能否回到输卵管上完成受精，上天才知道，最终只能依靠输卵管末端一个伞状结构去把卵子从腹腔中捉捕回来（所以会有宫外孕的病人），这也算是个有惊无险的从不确定到确定的事件。还有更不确定的事吗？有！那就是谁也不知道哪一个卵子与哪一个精子结合。男人有两个睾丸，精子的成熟期二十多天，正常情况下每次射精的精子数量7至12亿个，每一个精子都有可能与卵子结合成为一个具体的他（她）。纵使12亿个精子也只有一个幸运者能走进卵子里，至于哪一个精子可以成为受精卵？你的思考可能有以下原因：精子活跃度、精子在追求卵子时的外在环境、人的身体状况等等。但无论这些因素有何改变，仍然无法确定哪一颗精子命中，概率定律依然在其中发挥作用。换言之，精子数量越大，受精是否成功的误差就越少，正常情况下卵子被受精的事实几乎可以确定。

以上例一、例二是颇具生物学意义的事件，它们有一个共同之处：为了确保族群繁衍，用巨大数量做基数来对抗物质运动的不确定性。或者我们可以这样理解：用巨大基数来遵循物质运动的概率定律从而获得确定的生命活动。为了更深入了解物质运动的概率定律如何作用于生物事件，有必要重温与概率或“不确定性”有关的两个经典物理实验（例三、例四），从而引发大家对以上问题的兴趣，并分享一份枯燥的热情。

例三：布朗运动

布朗运动（Brownian movement）指微小粒子表现出的无规则运动。1827 年英国植物学家 R. 布朗在花粉颗粒的水溶液中观察到花粉不停顿的无规则运动，一杯水看似平静不变，但水分子（原子）无序的热运动依旧进行。如果用显微镜观察水分子的运动，你会观察到水分子一会儿上下运动，一会儿左右运动，到处乱串的水分子是一种不规则的运动，某一水分子的位置是不确定的。倘若要给某水分子做标记（颜色），观察它是否在 A 点处出现，只能用概率来描述。

例四：顺磁性

顺磁性指当巨大数量的分子（原子）放在磁场内，分子成了细小的磁体，像罗盘指针一样，排列方向往往和磁场方向平行。随着磁场强度加倍，分子小磁体的平行取向越来越具优势。磁场固定的取向，不断受到随机取向的热运动对抗，其变化是此消彼长。

分子的顺磁性，令人联想起入夜你打开电灯时，在电流作用下，导线里电子往一个方向的运动。同样，每一个生物事件的发生都离不开来自身体内、外部的刺激，当你听到某一种声音或看到某一样东西的时候，引发神经电信号的上传，形成一个有方向性的神经回路，就像顺磁性作用原理一样。

以上所述四个例子的共同特点是大数据现象。如何解释并确定物质运动的方向、生物事件的发生发展，我们不妨借用$\sqrt{n}$（平方根）定律加以说明。物质运动的不确定性，就在这可能的

$\sqrt{n}$相对误差范围内，其中 n 为使定律得以成立而参与的分子（量子粒子）数量。当 n = 100 时，$\sqrt{n}$ = 10，即误差约为 10，相对误差率为百分之十，当 n = 1000000 时，$\sqrt{n}$ = 1000，即误差约为 1000，相对误差率为千分之一。换言之，参与的分子 n 的数量越大，相对误差率越小，当 n = 亿或兆亿数量级运动的量子粒子时，相对误差率之小，可想而知。只有数量大，误差率小，生物事件的确定性才有保障。

小结

认知活动毫无疑问是生物事件。由于认知是大脑具备的功能，我们回顾一下人脑的结构和活动形式：人脑主要由大脑、小脑、间脑、脑干组成，各部分承担不同功能，但脑是一个综合整体的器官。脑的主要功能是调节生理生化机理，有不断进步的认知能力，缔造思想。从组织学看，大脑神经组织由神经元和胶质细胞组成，其中神经元数量大约一千亿个左右，胶质细胞约是神经元的 50 倍。一般认为，神经元是调控生理机理和认知的功能性细胞，胶质细胞提供神经元的环境和滋养。从胚胎学和进化角度看，在胚胎时期，神经元的连接并没有预先规划好的蓝图，儿童时期神经元大幅增量，青年期到达顶峰，成年后大脑逐渐缩小，有一半的胚胎神经元因为没能建立有效连接而消亡。但新的连接从来没有停止，因为大脑是一个动态可塑的器官，神经元在遗传机制正常运行下，加强适应环境变化的能力，即利用环境刺激帮助神经网络的发育及巩固成为可能。

从感觉内容的数学表达式 F = fn × N 看，F 为感觉，fn 为感觉种类，N 为感觉对象。从该数学表达式可以看到，感觉的内容是由不同感觉种类去面对不同事物形成的。其中 fn 由感觉器官来决定，所以，感觉种类 fn 的数量等于感觉器官接受来自于身体内、外部刺激的种类数量，由于感觉对象N是庞大的或者是无限的，因此，感觉所带来的神经回路是庞大的或无限的。只有搞清楚每条“路数”的连接模式，才能准确知晓每条“路数”的神经元种类、数量、兴奋或抑制下神经元电位分布、波及的中枢功能区域、突触数量及分布状况、递质种类、受体形成、刺激对遗传的影响、刺激对多条感觉传入通路的互联互通的改变等。每一种或每一次的刺激可看成一个事件，无论刺激来源于光、声、味等，都毫不例外地引发一系列的神经活动。

从物理化学的规律看，与其说外界给予“刺激”，不如说量子粒子对身体的冲击。量子粒子的冲击有两条路径：一条路径是对感觉器官的冲击，或者说被感受器接受；另一条路径是直接对身体特别是功能性神经元的冲击，也可理解成一种“辐射”。比如声音的骨传导，就是声音直接作用于颅骨而引起的听觉。此时，一定是有着可引发生理反应的大数量级量子粒子数量的参与，随着刺激的不断增强，会产生刺耳等效果甚至损伤听觉细胞或器官。在正常情况下，量子粒子的冲击被感觉器官转换成神经信号，信号波及的神经元就会放电，同时释放神经递质，使信号得以继续传播，可能是与其他神经通路的连接，可能是直奔神经中枢功能区域。

从生物学角度看，在量子粒子的冲击下发生了感觉和认知的生物事件，感觉把事物转变成感觉表象，呈现在大脑里，成为认知的对象。随着感觉表象连续性的大数量的刺激（无论感觉表象来自被动或主动的感觉接受，感觉器官仍然可以正常工作），认知能力不断提高，认知取得了意识、概念和思想这三样伟大成果，拥有的意识和概念同样是海量。在认知活动规律里有一种生物事件不能忽视，就是意识和概念可以直接刺激大脑功能区域产生意识和概念：一种情形是把原有的意识表象重现，即记忆；另一种情形是产生新的意识或新概念。这时候，意识或概念就不需要重新通过感觉路径来索取，刺激源不再是外界量子粒子的冲击，而是意识或概念本身。

从细胞的层面看，感觉、意识、概念在连续性选择原理的作用下建立起众多的神经回路，无数神经细胞参与其中，相关神经元表现为兴奋或抑制。而单个细胞或少量细胞则无法完成每一次认知的确定。

从分子层面看，参与生物事件（如建立反射弧）的神经元引发了一系列的分子运动。所谓遗传复制，根据 DNA 上基因密码分子层面的物质产生，包括氨基酸、肽及其氧化氮（一种整体作用于很多受体神经元的物质）等，由于神经元的种类不同或基因受刺激的影响不同，所以神经递质的种类多种多样，满足不同刺激作出不同反应的需要。同样，作用于受体的神经递质数量就可想而知。象“顺磁性”一样，受刺激神经元有规律的大规模分子运动是每一个生物事件被确定的根本保障。细胞是具备生命特征的基本单位，每一个生物事件最终都会落实到细胞身上，每个生物事件都由相关细胞参与。

从量子粒子层面看，连续性选择其实是建立在感觉种类上的选择，伴随能量形式上的变化，表现为光、声、味（化学能）等。人的选择确定了刺激（量子粒子）的通路和运动方向，并波及一系列神经元的放电。组成神经元的分子或原子的数量巨大，就像“顺磁性”效应，加上神经递质与受体的作用，神经元之间的连接得到加强巩固，不断建立新的有利于事件确定的神经回路。

连续性选择在细胞层面上、分子层面上、量子粒子层面上的作用，归根到底是“大数量”与物质运动的概率定律的相互作用，这些作用稳固了我们能确定的生物事件，比如，把握事物的精细而准确的动作、概念的正确理解和表达等，具体表现为通过学习而掌握一门专业或技术、语言和文字、舞蹈等。

综观生物的发展历史，从简单到复杂，从单细胞到大数量级细胞组成的生命个体，直至出现智慧型的人类，多细胞生物的“大数量”细胞与物质运动定律的作用，由不确定趋向于确定，生物事件的确定对生物物种的生存和发展至关重要。因为面对复杂多变的自然环境，每次选择带来的生物事件如果不能确定，生物个体就无法应对自然环境的变化。这样一种“数量确定”原理，使我们不难理解，为什么生物从单细胞进化发展，最终选择多细胞甚至更复杂结构的生命个体，这是物种繁衍生存的重大问题。

我们认为意识的形成是从对感觉表象的认知开始，继而成为意识表象（包括某个状态），即意识内容。这样的生物事件同样是“大数量”在物质运动规律作用下的认知成果。这里所说的大数量指参与事件的细胞、分子或量子粒子的数量。

如果大脑约有一千亿个神经元，那么参与意识形成某一事件的神经元在数量上就得以确保。言下之意，形成清晰的可被认知的感觉表象就被确定。假设参与事物的每个放电神经元是一个发光点，那么以亿像素为单位的图像组成，一定清晰无比。如果事件的引发来自视觉，其图像的清晰度也受控于眼底视网膜感光细胞或感光物质的数量，这也使得我们轻而易举看到五彩缤纷的世界。意识一经确立，就可成为刺激源，意识支配性表露无遗，在大脑神经中枢内建立广泛功能连接的神经回路，形成各种神经反射的活动。

被确定的生物事件是发生在生物体上，却不能独立于物理化学定律之外，物体与生物体的最大区别就是“新陈代谢”，新陈代谢是生命的本性，代谢的本义就是物质交换。随着生命科学的进步，越来越清晰地明白，新陈代谢不仅仅是新旧物质的交换，更重要的是（遗传机制作用下）制造生命所需的物质，伴随能量转换、贮存、传递等代谢形式，以及物质与能量的转变等。随着生物的进化进步，特别到了人类，有机体新陈代谢机理的完整性称得上鬼使神差，这样的完整性与细胞、组织、器官的数量及其结构密不可分。只有这样，才能确保大脑认知功能的出现，并缔造出意识、概念和思想这些伟大成果。大脑的重量占身体重量的1/50，而能耗却占身体能耗的1/5，说明神经组织特别神经元的新陈代谢相当活跃。认知活动这样的生物大事件的确定，必须在组织结构严密、细胞数量巨大、功能区分清晰、新陈代谢完善的构造机理的共同作用下高效完成。

生物事件的确定，从远古走来，不断进化进步，与每个人的生存发展息息相关。以上“被确定的生物事件”的论述，希望可以帮助读者对本书关于认知过程中发生的所有事件或事实，如呈现、记忆、推理、意识、概念等有全新角度的了解，并引发更多有趣的思考，同时恳请您提出宝贵的批评意见，使“认知”的探讨向前再走出一步。

主要参考书目

查理、达尔文（英）：《物种起源》，人民日报出版社 2005 年版。

西格蒙德、弗洛伊德（奥）：《精神分析引论》，人民日报出版社 2005 年版。

弗里德里希、黑格尔（德）：《美学》，人民日报出版社 2005 年版。

G、E、史密斯（英）：《人类史》，中国社会科学出版社 2009 年版。

《西方心理学的历史与体系》，人民教育出版社 1998 年版。

《认知心理学》，华东师范大学出版社 2009 年版。

保罗、A、萨缪尔森（美）：《经济学》，中国发展出版社 1992 年版。

亚当、斯密（英）：《国富论》，新世界出版社 2008 年版。

阿尔伯特、爱因斯坦（美）：《相对论》，重庆出版社 2006 年版。

《现代汉语词典》，商务印书馆 2012 年版。

邬茂鹏、朱永红：《精神概论》，广东人民出版社 2011 年版。

让·雅克·卢梭（法）：《论人类不平等的起源和基础》，浙江文艺出版社 2015 年版。

后 记

相传2000年前，古希腊人就把“认识你自己”作为铭文刻在阿波罗神庙的门柱上，提示世人。然而很多人终其一生都迷茫，或忙忙碌碌度过一生，空留遗憾。

我们普通人的一生通常都伴随各种各样的不如意。身边经历人生各种挫折后“认命”的人不少，经历挫折并开始思考、钻研认知的人却不多见，邬茂鹏属于后者，这可能与早年学习生物学专业，在中山医学院护士学校（现为中山医科大学护理学院）5年执教经历有关，他用心学习和掌握生物学、解剖专业方面的基础理论，扎实功底来源于勤奋钻研，因此，在关于认知的一系列思考中，他敢于质疑以往哲学、心理学在意识方面的唯心主义和研究误区，勇于解剖、分析认知来源以及发展的路径，坚定地站在生命科学角度，从“感觉”入手，最终发现认知的必由路径是“感觉—意识—概念—思维”，认知的最后成果就是思想，同时总结出认知活动的三大原理。当然，从感觉到思维的认知路径仍是一种假设，尤其是感觉表象转变为意识表象，还需要进行大量的基础性科学实验来加以证明。我非常认同这一假设，我们的任务是大胆提出假设并小心论证，认知既包括对万物的认知，也包括对人本身的认知。无疑，这一切离不开创新，包括意识及意识流的定义是否得到公共认知，意识公式“C = fn × N × M”能否对人工智能的机械学习和“认知”提供启示，物理事件与生物事件的关系何种条件下得以转化等。

2016 年，邬茂鹏邀请我与他共同写本书的时候，实际上他已完成本书第一稿大部分章节内容，他极力说服我参与研究和写作，是希望讨论关于认知的基本问题以及他思考后得出的结论，尤其对于意识的来源和作用，在 2011 年我们合作的《精神概论》一书中没有说清楚。当时我们认为剖析了“精神”的组成，找到了认识自己的有效方法，回答并分析了决定命运的不是性格，而是“精神三要素”：本能、自我、欲望。后来研究认知问题时，海量的意识如何分类以及意识内容的呈现变得迎刃而解。

邬茂鹏当过知青、大学老师、国营外贸经理、民企老总，最近五年他正经历第三次创业。企业“生存”是他日常面临的最大问题，白天经营，晚上思考并动笔，完成此书其实非常不容易。我作为职场中人，常常以忙碌挤不出时间为借口不去研究理论性的问题，难以想象他时时要为企业的经营而费神费力，还能专注和坚持基础理论研究。去年为公司订单抵押了他家里的两套房子，居然还能做到平心静气思考“认知”一系列基本问题，也许正是他说的强烈的使命感几乎盖过了所有焦虑。

个人的命运总是离不开一个时代的大背景。今年是改革开放 40 周年，我们都亲身参与过最初 10 年的下海弄潮，感受改革开放的时代洪流，解放思想解放生产力，探索未来。谈起当年的从体制内辞职，虽然至今无怨无悔，但他说如果重头来过，会选择学校教书和科研。

非常感谢广东人民出版社在本书编辑出版过程中对我们提出的各项建设性意见，包括书名、章节标题的反复推敲等。出版本书既高兴又忐忑，一方面希望将思考和研究的成果与读者朋友们分享，另一方面感到知识储备不足及写作水平有限，一些特性、一些结论没有给予生动的例子展开讨论，对此，我们一定诚恳地接受读者朋友们的质疑和批评。

朱永红

2018 年 9 月 18 日于广州